Berichte

des

Verbandes der Laboratoriums-Vorstände

an deutschen Hochschulen.

Achtes Heft.

(16. September 1906.)

Leipzig
Verlag von Veit & Comp.
1906

INHALT.

Berichtigungen zu Bericht 7.

a) Druckfehler. Das Datum der Ausfertigung des Zeugnisses

für Otto Sieplein (4535) S. 15 ist 27./2. 05 nicht 27./2 03

„ J. Rosenfeld (4752) S. 30 „ 22./12. 04 „ 22./12. 94.

„ K. Schülke (4439) S. 31 „ 12./3. 05 „ 12./3 04.

b) Die Zeugnisse **2575** und **3220** sind bereits in früheren Berichten aufgeführt worden.

c) Für die folgenden Kandidaten sind in früheren Berichten falsche Nummern angegeben worden:

Hans Rolle (VI, S. 18) hat Nr. **4344** und nicht Nr. 4345

Alfred Keller (VI, S. 18) hat Nr. **4345** und nicht Nr 4346

Alfred Kühn (VI, S. 22) hat Nr. **3236** und nicht Nr. 3266

d) Nachzutragen ist:

433 | Adolf Birnbaum | R. G. Ab. | Prof. Staedel | 1./10. 1899

e) vergl. die Mitteilung von Prof. Tollens auf S. 4 Punkt 7.

Duplikate.

Bis zum 31. August ist dem Sekretariat der Verlust folgender Zeugniskarten angezeigt worden, die durch Duplikate ersetzt wurden:

Nr.	Inhaber	Aussteller
4322	Léon W. Geller,	Prof. Erdmann
5197	Emil Wolf,	„ „
1375	Richard Ryschka,	„ Ahrens
4766	Gustav Dorfmüller,	„ Muthmann, Schultz (erhielt als Ersatz Nr. 4769)
2931	Paul Joachim,	„ Ostwald (ohne Prüfung in organ. Ch.)
5210	G. Flach,	„ Erdmann (ohne Prüfung in organ. Ch.)

A.

PROTOKOLL

der

VIII. Jahresversammlung der Laboratoriumsvorstände der deutschen Hochschulen

am 24. September 1905

im Rathaussaal zu Obermais (Meran).

Anwesend die Herren Hantzsch, Ruff, Siegfried, Tafel, Thiele, Volhard.

Die Herren v. Baeyer, Curtius, Liebermann und Ostwald haben ihr Fernbleiben entschuldigt.

Wegen Abwesenheit des Vorstandes übernimmt Herr Volhard den Vorsitz.

1. Das Protokoll der vorigen Versammlung wird verlesen und genehmigt.

2. Der Sekretär erstattet Bericht über das abgelaufene Jahr; während desselben ist Herr Hilger durch den Tod ausgeschieden; ausgetreten sind die Herren Claisen und Landolt, weil sie in den Ruhestand treten, ferner Herr Hüfner, weil die Verhältnisse in dem von ihm geleiteten Institut das Abhalten von Prüfungen nicht nötig machen; neu eingetreten sind die Herren Harries, Ruff und Wohl. Bestand 61 Mitglieder.

3. Da der Schatzmeister nicht anwesend ist, wird ein von ihm eingelaufener Kassenbericht vom Sekretär verlesen.

Kassenbericht.

a) Einnahmen:		
Kassenbestand vom Vorjahre . .	ℳ	159.31
64 Mitgliederbeiträge à 20 ℳ . .	»	1280.—
Zinsen und Rückporto	»	17.10
Gesamteinnahme	ℳ	1456.41
b) Ausgaben:		
Drucksachen, Porto, Verschiedenes .	ℳ	122.19
Remuneration für den Gehilfen des Schriftführers	»	150.—
An denselben für Reise, Protokollführung	»	150.—
Abrechnung der Verlagsbuchhandlung für Bericht Nr. 6	»	537.70
Gesamtausgabe	ℳ	959.89
Gesamteinnahme	ℳ	1456.41
Gesamtausgabe	»	959.89
Kassenbestand	ℳ	496.52

Herr Siegfried prüft den Kassenbericht und bestätigt seine Richtigkeit, worauf dem Schatzmeister von der Versammlung Entlastung erteilt wird.

4. Der Kassenbestand ist nach einer brieflichen Mitteilung des Schatzmeisters so günstig, daß im Jahre 1905/06 die Ausgaben bereits mit einem Mitgliederbeitrage von 10 ℳ gedeckt werden könnten. Er schlägt aber vor, noch einmal 20 ℳ zu erheben, um erst einen größeren Bestand anzusammeln und dann sicherer den Betrag herabsetzen zu können. Der Vorschlag wird von der Versammlung genehmigt.

5. Im Anschluß an einen vorliegenden Fall erörtert die Versammlung die Frage, ob ein Mitglied, das im Laufe des Geschäftsjahres aus dem Verband austritt, den Beitrag zu bezahlen verpflichtet ist, oder ob der Nachfolger dafür aufzukommen hat. Es wird beschlossen, die Entscheidung der Frage zu vertagen, bis in einem Falle Reklamation erfolgt.

6. Der Sekretär teilt der Versammlung mit, daß der frühere Sekretär, Dr. Böttger, mit Beginn des neuen Geschäftsjahres zürückkehrt und im Einvernehmen mit dem jetzigen Sekretär bereit ist, die früher von ihm eingenommene Stellung wieder zu übernehmen. Da die Herren v. Baeyer und Ostwald gegen den Wechsel nichts einzuwenden haben, gibt auch die Versammlung ihre Zustimmung.

7. Auf Wunsch des Herrn Tollens weist der Sekretär auf einen im 7. Hefte der Verbandsberichte unterlaufenen Fehler hin. Auf Seite 50 ist irrtümlicherweise Herr Tollens als Leiter der Arbeiten der Kandidaten Arminius Bau und Gustav Fingerling genannt. Tatsächlich hat ersterer die Arbeit selbständig in verschiedenen Laboratorien durchgeführt, während letzter in der Versuchsstation zu Hohenheim unter Leitung von Herrn Prof. Dr. A. Morgen gearbeitet hat.

8. Im Anschluß hieran entwickelt sich ein Diskussion über die bei der vorjährigen Versammlung vertagte Frage: Dürfen Verbandsmitglieder Kandidaten im Doktorexamen prüfen, die ihre Arbeit in einem Privatinstitut gemacht haben und daher keine Verbandsprüfung abgelegt haben? Das Ergebnis der Erörterung wurde auf Antrag des Herrn Thiele folgendermaßen zusammengefaßt: »Die Versammlung stellt fest, daß die Mehrzahl der Kandidaten, die ohne Verbandsexamen promoviert haben, die Diplomhauptprüfung bestanden haben. Die Verbandsmitglieder werden in ihrem eigenen Interesse gebeten, den Herren, die die Diplomhauptprüfung bestanden haben, Verbandszeugnisse auszustellen (siehe Heft 5 der Berichte, Seite 4, Punkt 11), damit nicht der Anschein erweckt werde, als ließen sie Kandidaten ohne Verbandsschein promovieren. Eine kleine Zahl von Promotionen ohne Verbandsschein rührt daher, daß die betreffenden Arbeiten in Laboratorien ausgeführt worden sind, deren Leiter keine Verbandsmitglieder werden können. Die Versammlung gelangt zum Schluß, daß in diesem Falle, wenn die Arbeit sonst genügt, eine Abweisung des Kandidaten nicht möglich ist, da für die Zulassung zur Promotion lediglich die Vorschriften der betreffenden Hochschule maßgebend sind.«

Auf Antrag von Herrn Hantzsch wird ferner beschlossen, daß eine nach Hochschulen bezw. Laboratorien geordnete Liste der Kandidaten, die ohne Verbandsprüfung promoviert haben, der Dissertationsliste im Verbandsberichte zugefügt werden soll.

9. Der Vorstand wird wiedergewählt.

10. Dr. Freundlich, der sein Amt als Sekretär an Dr. Böttger wieder zurückgibt, wird von Herrn Thiele der Dank des Verbandes ausgesprochen.

11. In Anbetracht der höheren Kosten, die der Aufenthalt in Meran erfordert, beschließt die Versammlung dem Sekretär ausnahmsweise eine Sondervergütung von 50 ℳ zu gewähren.

Ostwald — **v. Baeyer**
i. V. **R. Luther** — i. V. **Volhard.**

B.

Ausführungsbestimmungen

für die Verbandsprüfung,

angenommen in der Verbandsversammlung vom 12. März 1898.

§ 1.

Das Verbandsexamen besteht aus einer praktischen Prüfung in qualitativer, quantitativer und Maßanalyse und ferner in einer mündlichen Prüfung in analytischer und unorganischer Chemie, sowie in den Elementen der organischen Chemie.

§ 2.

Der Zweck dieser Prüfung ist ein dreifacher. Für die Studierenden soll dieselbe ein Abschluß für die Vorbereitungsstudien sein. Den Laboratoriumsvorständen soll dadurch ein Mittel an die Hand gegeben werden, um einerseits zu kontrollieren, ob die in ihrem Laboratorium arbeitenden Studierenden nach allen Seiten hin in der elementaren Chemie hinreichend ausgebildet sind; und anderseits die fremden Studierenden, welche von andern Hochschulen oder von Privatlaboratorien kommen, auf ihre Kenntnisse zu prüfen und eventuell zu einer Repetition zu veranlassen. Drittens soll die Prüfung den Industriellen oder andern Personen, welche Chemiker anstellen, eine Garantie dafür geben, daß der Bewerber die notwendigen elementaren Kenntnisse besitzt. Die bisherigen Einrichtungen haben erfahrungsmäßig hierfür nicht ausgereicht.

§ 3.

Da durch die Verbandsprüfung eine gleichmäßige Ausbildung der Studierenden in den Elementen erzielt werden soll, so ist selbstverständlich, daß die Anforderungen an allen Hochschulen in sachlicher Beziehung einheitlich sein müssen. Dagegen kann die Form, in der sich der Lehrer von dem Vorhandensein der geforderten Kenntnisse überzeugt, eine verschiedene sein. So kann z. B. an technischen Hochschulen ein Verbandszeugnis auf Grund einer Diplomvorprüfung oder einer Schlußprüfung ausgestellt werden, wenn in letzterer mindestens ebensoviel verlangt wird als in ersterer. Auch an Universitäten soll kein besonderer Modus für das Examen vorgeschrieben werden. Es bleibt dem Examinator überlassen, wie er sich von dem Vorhandensein der Kenntnisse überzeugen will, er haftet aber durch seine Namensunterschrift dafür, daß der Kandidat zur Zeit der Prüfung die vom Verbande geforderten Kenntnisse besessen hat. Verbandszeugnisse auf Grund der Versicherung eines Studierenden, daß er die geforderten Kenntnisse besitze, oder auf das Zeugnis eines andern Lehrers hin auszustellen, ist daher unzulässig. Was die Ausführung der praktischen Prüfung betrifft, so kann die Überwachung derselben von dem Vorstande einem Abteilungsvorstand oder Assistenten übertragen werden, der Vorstand übernimmt aber persönlich die Verantwortung und bescheinigt das Bestehen der Prüfung durch seine Namensunterschrift. In Laboratorien, wo ein Laboratoriumsjournal eingeführt ist, kann das Bestehen der praktischen Prüfung auch auf Grund dieses Journals bezeugt werden.

§ 4.

Die praktische Prüfung und die mündliche Prüfung in der analytischen und in der unorganischen Chemie muß an ein und derselben Hochschule innerhalb 6 Monaten abgelegt werden. So kann z. B. die praktische Prüfung am Ende des Sommersemesters, die mündliche zu Anfang des Wintersemesters stattfinden. Stets muß aber die praktische Prüfung der mündlichen vorangehen. Verbandszeugnisse über die praktische Prüfung allein haben daher an einer andern Hochschule keine Gültigkeit.

Die mündliche Prüfung in organischer Chemie kann auch an einer andern Hochschule und zu einer beliebigen Zeit abgehalten werden.

§ 5.

Als erstrebenswertes Ziel wird hingestellt, daß der Examinator nur solche Studierende examiniert, die in seinem Laboratorium gearbeitet haben. Den tatsächlichen Verhältnissen entsprechend, ist es indessen auch gestattet, fremde Studierende zu prüfen, namentlich auch solche, welche auf ausländischen Anstalten studiert haben. Beanspruchen können die Zulassung indessen nur diejenigen, welche mindestens ein Semester in dem betreffenden Laboratorium gearbeitet und sich nach Ansicht des Vorstandes die nötigen Kenntnisse erworben haben. Der Eintritt in den Verband verpflichtet den Laboratoriumsvorstand, solche Studierende zu prüfen, während die Prüfung von andern seinem freien Ermessen anheimgestellt wird. Die Prüfung erfolgt auf Antrag des Studierenden oder auf Wunsch des Vorstandes. Besteht der Studierende die Prüfung nicht, so wird auch kein Zeugnis ausgestellt. Vorschriften über die Wiederholung der Prüfung werden nicht gegeben.

Die Verbandsmitglieder sind verpflichtet, nur solchen Studierenden, welche die Verbandsprüfung bestanden haben, ein Thema für eine Doktor- oder Diplomarbeit zu geben.

§ 6.

Umfang der Verbandsprüfung.

Die praktische Prüfung.

Die praktische Prüfung zerfällt in drei Teile:

a) Ausführung einer qualitativen Analyse.

In dieser Prüfung wird gefordert, daß der Kandidat in einem eigens zu diesem Zweck dargestellten Gemisch alle Bestandteile nachweist. Das Gemisch soll eine größere Anzahl von Stoffen enthalten, aber nur solche, welche in dem allgemein üblichen Gang der Analyse vorkommen.

b) Quantitative Analyse.

In der quantitativen Analyse wird das Hauptgewicht auf die Genauigkeit der Bestimmung gelegt. Dem Kandidaten ist die qualitative Zusammensetzung der Mischung mitzuteilen, er hat darin zwei bis drei Stoffe, deren Trennung und Bestimmung in dem üblichen analytischen Gang vorkommen, quantitativ zu bestimmen.*)

c) Maßanalytische Aufgabe.

Bei diesem Teile der Prüfung muß der Kandidat alle zur Verwendung kommenden Normallösungen selbst darstellen.

---

*) Da die Ansichten über das, was in der quantitativen Analyse gefordert werden muß, ziemlich weit auseinandergehen, sind im folgenden einige Beispiele von Aufgaben aufgeführt:

1. Gemisch von Chlorkalium und Jodkalium.
   In einer Portion ist Jod und Chlor zu bestimmen, in einer zweiten Alkali als Sulfat.
2. Kupfersulfat und Mohrsches Salz.
   In einer Portion Kupfer und Eisen.
3. Kupfersulfat und Zinksulfat.
   In einer Portion Kupfer und Zink, in einer zweiten Schwefelsäure.
4. Magnesiumsulfat und Kaliumsulfat, nicht das Doppelsalz.
   In einer Portion Magnesium und Kalium, in einer zweiten Schwefelsäure.
5. Quecksilberchlorid und Wismuthnitrat.
6. Chromalaun und Tonerdealaun.
7. Kaliumpermanganat und Kupfersulfat.
8. Chlorkalium, Chlornatrium, Chlorammonium.
   In einer Portion Kalium und Natrium, in einer zweiten Chlor.
9. Schwefelkadmium und Zinnober mit Schwefel gemengt.
   Schwefel durch Schmelzen zu oxydieren und als Baryumsulfat zn bestimmen.
10. Reiner Orthoklas und Quarzpulver.
    Kieselsäure- und Tonerdebestimmung.

Die mündliche Prüfung.

Die mündliche Prüfung zerfällt in drei Abschnitte:

a) Analytische Chemie.

In der qualitativen Analyse soll der Kandidat den Nachweis der in dem üblichen Gang vorkommenden Stoffe kennen. In der quantitativen Analyse wird die Kenntnis der Trennungs- und Bestimmungsmethoden der wichtigeren Elemente und ihrer Verbindungen verlangt.

b) Unorganische Chemie.

In diesem Fache wird die Kenntnis der Disziplin in dem Umfange gefordert, wie sie in der Regel in den Vorlesungen über unorganische Experimentalchemie vorgetragen wird.

c) Organische Chemie.

Kenntnis der Grundzüge der organischen Chemie.

v. Baeyer,
Vorsitzender.

Ostwald,
Schriftführer.

C.

Mitgliederverzeichnis vom 16. September 1906.

Vorstand:

Erster Vorsitzender: A. v. **Baeyer**, München.
Zweiter Vorsitzender: H. **Bunte**, Karlsruhe i. B.
Erster Beisitzer: E. **Fischer**, Berlin.
Zweiter Beisitzer: E. v. **Meyer**, Dresden.
Schriftführer u. Leiter d. Berichtes: W. **Ostwald**, Leipzig. (bis 16. 9.)
Schatzmeister: C. **Liebermann**, Berlin-Charlottenburg.

Mitglieder des Verbandes:

Prof. F. B. **Ahrens**, Breslau, Landwirtschaftl.-Technolog. Institut der Univers. Mathiasplatz 5.
» R. **Anschütz**, Bonn, Chem. Univers.-Laborat.
» K. **Auwers**, Greifswald, Chem. Univers.-Laborat.
» A. v. **Baeyer**, München, Arcisstr. 1. Chem. Laborat. d. Akadem. d. Wissenschaften.
» E. **Beckmann**, Leipzig, Brüderstr. 34, Univers.-Laborat. für angew. Chemie.
» H. **Beckurts**, Braunschweig, Technische Hochschule.
» R. **Behrend**, Hannover, Technische Hochschule.
» J. **Bredt**, Aachen, Technische Hochschule.
» E. **Buchner**, Berlin N., Chem. Laborat. d. Landwirtschaftl. Hochschule, Invalidenstr. 72.
» H. **Bunte**, Karlsruhe, Technische Hochschule.
» A. **Classen**, Aachen, Technische Hochschule.
» Th. **Curtius**, Heidelberg, Chem. Univers.-Laborat.
» O. **Dieffenbach**, Darmstadt, Technische Hochschule.
» K. **Elbs**, Gießen, Phys.-chem. Univers.-Laborat.
» C. **Engler**, Karlsruhe, Technische Hochschule.
» H. **Erdmann**, Charlottenburg, Technische Hochschule.
» E. **Fischer**, Berlin N., I. Chem. Univers.-Laborat.
» O. **Fischer**, Erlangen, Chem. Univers.-Laborat.
» J. **Gadamer**, Breslau, Pharmaz. Inst., Schuhbrücke 38/39. I.
» L. **Gattermann**, Freiburg i. B., Chem. Univers.-Laborat.
» A. **Hantzsch**, Leipzig, Chem. Univers.-Laborat.
» C. **Harries**, Kiel, Chem. Univers.-Laborat.
» C. **Hell**, Stuttgart, Techn. Hochschule.

Prof. W. **Hempel**, Dresden, Technische Hochschule.
» H. **Kiliani**, Freiburg i. B., Chem. Univers.-Laborat.
» H. **Klinger**, Königsberg i. Pr., Chem. Univers.-Laborat.
» L. **Knorr**, Jena, Chem. Univers.-Laborat.
» G. v. **Knorre**, Charlottenburg, Technische Hochschule, Gr.-Lichterfelde-West, Zehlendorfer Straße 26.
» Fr. **Krafft**, Heidelberg, Wilhelmstr. 2.
» A. **Ladenburg**, Breslau, Chem. Univers.-Laborat.
» C. **Liebermann**, Charlottenburg, Technische Hochschule.
» L. **Medicus**, Würzburg; Technologisches Institut der Univers.
» E. v. **Meyer**, Dresden, Technische Hochschule.
» R. **Meyer**, Braunschweig, Technische Hochschule. Laborat. für analyt. und techn. Chemie.
» A. **Michaelis**, Rostock i. Meckl., Chem. Univers.-Laborat.
» R. **Möhlau**, Dresden, Technische Hochschule.
» W. **Muthmann**, München, Technische Hochschule, Analyt. Laborat.
» A. **Naumann**, Gießen, Chem. Univers.-Laborat.
» W. **Nernst**, Berlin NW., Phys. Chem. Univers-Laborat., Bunsenstr. 1.
» C. **Paal**, Erlangen, Pharmazeut.-chem. Inst. d. Univers.
» Th. **Paul**, München, Lab. f. angew. Chemie, Karlstraße 29.
» O. **Ruff**, Danzig, Technische Hochschule.
» H. **Salkowski**, Münster i. W., Chem. Univers.-Laborat.
» E. **Schmidt**, Marburg i. H., Pharm.-chem. Univers.-Laborat.
» G. **Schultz**, München, Technische Hochschule.
» K. **Seubert**, Hannover, Technische Hochschule.
» M. **Siegfried**, Leipzig, Physiolog. Inst. d. Univers.
» W. **Staedel**, Darmstadt, Technische Hochschule.
» A. **Stutzer**, Königsberg i. Pr., Agrikulturchem. Institut.
» J. **Tafel**, Würzburg, Chem. Institut.
» G. **Tammann**, Göttingen, Anorgan.-chem. Institut.
» J. **Thiele**, Straßburg, Chem. Univers.-Laborat.
» B. **Tollens**, Göttingen, Agrikulturchem. Laborat. d. Univers.
» J. **Volhard**, Halle a. S., Chem. Univers.-Laborat.
» O. **Wallach**, Göttingen, Chem. Univers.-Laborat.
» H. **Wichelhaus**, Berlin NW., Technolog. Institut d. Univers., Bunsenstraße 1.
» W. **Wislicenus**, Tübingen, Chem. Univers.-Laborat.
» O. N. **Witt**, Berlin NW. 23, Sigmundshof 21, Technische Hochschule.
» A. **Wohl**, Danzig, Technische Hochschule.
» Th. **Zincke**, Marburg i. H., Chem. Univers.-Laborat.

Auf Grund der Braunschweiger Statuten sind bis zum 1. April 1906 folgende Register der abgelegten Prüfungen an den Schriftführer des Verbandes eingesandt worden.

(* bedeutet: Angabe fehlt.)

D.

Register der im Sommer 1905 und im Winter 1905/06 ausgestellten Verbandszeugnisse.

Chemisches Laboratorium der Technischen Hochschule Aachen.

Aufgedruckte No der Zeugniskarte	Vorname	Zuname	Geburtsort	Vorbildung	Examinatoren	Datum der Ausfertigung	Art der Prüfung
W.-S. 05/06							
2526	Caspar	Hensen	Aachen	R -G. Ab.	Classen u. Bredt	10/3. 06	D
2527	Hermann	Sandkuhl	Crefeld	O.-R.-Sch Ab.	Classen u. Bredt	10./3. 06.	D
2528	Eduard	Salm	Mastricht	O.-R.-Sch. Ab.	Classen u. Bredt	10/3. 06	D.

I. Chemisches Institut der Universität Berlin.

S.-S. 05							
4950	Arnold	Schulze	Graz	G.	E. Fischer	5./5. 05	
4947	Max	Lange	Mohrungen	O.-R.-Sch	E. Fischer	5/5. 05	
4942	Viktor	Jürgens	Pskow (Rußland)	G.	E. Fischer	5/5. 05	
4183	Herm.	Kast	Frankfurt a. M.	O.-R.-Sch.	E. Fischer	5./5. 05	
4937	Walther	Schrauth	Magdeburg	G.	E. Fischer	5/5. 05	
4953	Fritz	Klatte	Diepholz	R.-G.	E. Fischer	1/8. 05	
4172	Franz	Michaelis	Berlin	G.	E. Fischer	5./5. 05	
4184	Leo	Kristeller	Berlin	R.-G.	E. Fischer	5./5. 05	
4954	Otto	Spangenberg	Rodenberg	G.	E. Fischer	31./7. 05	
4941	Walter	Schoeller	Berlin	G.	E. Fischer	5./5. 05	
4955	Erich	Berthold	Berlin	G.	E. Fischer	1/8. 05	
4956	Friedr. Jl	Flos	Prenzlau	G.	E. Fischer	31./7. 05	
4957	Rudolf	Karo	Berlin	G.	E. Fischer	8/6. 05	
4188	Chaim	Rimpel	Lodz	Höhere Gewerbe-Sch.	E. Fischer	6./5. 05	
4944	Bruno	Mylo	Berlin	R.-G.	E. Fischer	6./5. 05	
4958	Martin	Kempe	Stettin	G.	E. Fischer	1./8. 05	
4187	Karl	Führer	Berlin	G.	E. Fischer	6./5. 05	
4935	Kurt	Schädel	Berlin	R.-G.	E. Fischer	6./5. 05	
4943	Salman	Monosohn	Zarsko Selo bei Petersburg	G.	E. Fischer	6/5 05	
3890	Carl	Linn	Bonn	G.	Anschütz E. Fischer	8./6. 05	

I. Chemisches Institut der Universität Berlin. Fortsetzung.

Aufgedruckte No. der Zeugniskarte	Vorname	Zuname	Geburtsort	Vorbildung	Examinatoren	Datum der Ausfertigung	Art der Prüfung
S.-S. 05							
2231	Hans	Marx	Viersen	G.	Knorr, Fischer	8./6. 05	
4965	Arthur	Koelker	Toledo (Ohio)	Hochschule z. Toledo.	E. Fischer	17./7. 05	
4934	Edmund	Ascher	Prag	G.	E. Fischer	17./7 05	
4130	Walter	Brassert	London	G.	E. Fischer, Landolt	17./7. 05	
4946	Walter	Zipser	Bielitz, O.-Schles.	Höh.Gew.Sch.	E. Fischer	31./7. 05	
4948	Robert	Wintgen	Solingen	G.	E. Fischer	1./8. 05	
4198	Reinhold	Westram	Pr. Boernecke	R.-G.	E. Fischer	1./8. 05	
W.-S. 05/06							
4970	Arnold	Felser	Riga	G. Ab.	E. Fischer	16./1. 06	
4951	Reinhold	Beutner	Berlin	G. Ab.	E. Fischer	29./11. 05	
4962	Adolf	Krämer	Berlin	G. Ab.	E. Fischer	29./11. 05	
4963	Josef	Steingroever	Brüssel	G. Ab.	E. Fischer	29./11. 05	
4949	Hans	Stooff	Berlin	R.-G.	E. Fischer, Landolt	29./11. 05	
5021	Henri	Busch	Hamburg	G. Ab.	E. Fischer, Landolt	29./11. 05	
4964	Walter	Weigert	Brandenburg	G. Ab.	E. Fischer	16./1 05	
4973	Adolf	Sonn	Gr. Rüde	O.-R.	E. Fischer	8./3. 06	
4978	Ludwig	Kussmann	Schönlanke	G. Ab.	E. Fischer	3./3. 06	
4969	Alex	Böcking	Brebach	G. Ab	E. Fischer	3./3 06	
4966	Arthur	Schleimer	Berlin	G. Ab.	E. Fischer	3./3. 06	
4961	Georg	Meyerheim	Massow (Pom.)	R.-G. Ab.	E. Fischer	8./3. 06	
4173	Oscar	Treidel	Meyen (Rhld.)	G. Ab.	E. Fischer	8./3. 06	

Physikalisch-chemisches Institut der Universität Berlin.

S.-S. 05							
4136	Helene	Jaffe	Berlin	Lehrerinnen-Examen.	Nernst	12./7 05	

Technologisches Institut der Universität Berlin.

S.-S. 05							
4133	Carl	Haupt	Ohlau	G. Ab.	Wichelhaus	5./6. 05	
W.-S. 05/06							
4193	Hugo	Hübner	Mosbach	R.-G. Ab.	Engler, Wichelhaus	11./11. 05	

Anorg. Laboratorium der Königl. Techn. Hochschule zu Berlin.

S.-S. 05							
4689	Berthold	Grünwald	Also Kubin (Ungarn)	G.	Erdmann	3./7. 05	V.
4690	Alfred	Perl	Czernowitz	G.	Erdmann	3./7. 05	V.
4691	Percy	Smith	Trelleborg	R.-G.	Erdmann	13./7. 05	V.

Anorg. Laboratorium der Königl. Techn. Hochschule zu Berlin. Fortsetzung.

Aufgedruckte No. der Zeugniskarte	Vorname	Zuname	Geburtsort	Vorbildung	Examinatoren	Datum der Ausfertigung	Art der Prüfung
S.-S. 05							
4692	Heinrich	Främbs	Schweidnitz	G.		13./7. 05	
4693	Fritz	Meister	Hamburg	O.-R.-Sch.		13./7. 05	
4694	Leonida	Athanasiu	Bukarest	G.		13./7. 05	
4695	Rudolf	Schorr	Bielitz (Österreich)	G.		14./7. 05	
4696	Max	Arendt	Diekirch (Luxemburg)	G.		14./7. 05	
4697	August	Reich	Temesvar	O.-R.-Sch.		14./7. 05	V.
4698	Emil	Masthoff	Lassem (Java)	O.-R.-Sch.		14./7. 05	
4699	Friedrich	Schmiedt	Löcse (Ungarn)	O.-R.-Sch.		14./7. 05	
4700	Lothar	Moses	Berlin	G.		14./7. 05	
4656	Ernst	Kohlmeyer	Hamburg	O.-R.-Sch.		14./7. 05	
4657	Herbert	Bischoff	Neusalz a/O.	—	Erdmann	14./7. 05	
4658	Johannes	Damm	Berlin	R.-G.		14./7. 05	
4659	Willy	Schwarz	Nürnberg	Ind.-Sch.		19./7. 05	D.
4660	Bruno	Lampe	Berlin	R.-G.		19./7. 05	
5181	Willy	Danse	Berlin	—		19./7. 05	
5182	Walter	Hirt	Berlin	G.		19./7. 05	
1835	Josef	Holländer	Miskolcz (Ungarn)	G.		19./7. 05	
5184	Elias	Trabsky	Charkow (Rußland)	—		19./7. 05	
5185	Heinrich	Feller	Lemberg	O.-R.-Sch.		19./7. 05	
W.-S. 05/06							
5186	Fritz	Wirth	Regensburg	G.		16./11. 05	
5187	Max	Rindl	King Williams Town, Capland	O.-R.-Sch.	Erdmann	13./3. 06	
5188	Arnold	Daniel	Jassy (Rumänien)	G.	Liebermann	13./3. 06	
5189	Isidor	Geller	Focsani (Rumänien)	G.		13./3. 06	V.
5190	Elise	Simon	Berlin	G. IIb		13./3. 06	
5191	Johannes	Beyer	Ruhrort	R.-G.		13./3. 06	
5192	Paul	Mittmann	Bielschowitz (Ober-Schl.)	G.	Erdmann	13./3. 06	
5193	Walter	Loewinthal	Stendal	G. IIb		13./3. 06	
5194	Negoitza	Danaila	Bucesti (Rumänien)	G.		16./3. 06	
5195	Paul	Landauer	München	R.-G.		16./3. 06	
5196	Walter	Bruck	Berlin	R.-G.		16./3. 06	
5197	Emil	Wolf	Budapest	O.-R.-Sch.	Erdmann	16./3. 06	
5198	Georg	Kereszty	Budapest	O.-R.-Sch.	Liebermann	16./3. 06	
5199	Julius	Müller	Zweibrücken	Ind.-Sch.		16./3. 06	
5200	Karl	Jüngel	Telz (Mark)	O.-R.-Sch.	Erdmann	16./3. 06	
5201	Oscar	Makowka	Bromberg	R.-G.		16./3. 06	

Organisches Laboratorium der Technischen Hochschule zu Berlin.

Aufgedruckte No. der Zeugniskarte	Vorname	Zuname	Geburtsort	Vorbildung	Examinatoren	Datum der Ausfertigung	Art der Prüfung
W.-S. 05/06							
3599	Ludwig	Mathias	Cöln	R.-G. IIb	Seubert, Liebermann	22./7. 05	V.
4536	Carl	Freund	Elberfeld	O.-R.-Sch. Ab	Anschütz, Liebermann	16./12. 05	V.
1440	Rudolf	Vaniček	Svety	G. (Prag) Ab.	Seubert, Liebermann	16./12. 05	V.
4505	Eric	Mermod	St. Croix (Schweiz)	G. Ab.	Engler, Liebermann	3./3. 06	V.
4614	Herbert	Grünbaum	Geisa (Sachs.-Weim.)	G. Ab.	Hantzsch, Liebermann	3./3. 06	V.
1439	Max	Pritze	Berlin	G. Ab.	Liebermann	3./3. 06	V.
5188	Arnold	Daniel	Jassy	G. Ab.	Erdmann, Liebermann	13./3. 06 27./4. 06	V. D.
5187	Max	Rindl	King Williams Tower	O.-R.-Sch. Ab.	Erdmann, Liebermann	13./3. 06 24./4. 06	V. D.

Elektrochemisches Laboratorium der Königl. technischen Hochschule zu Berlin-Charlottenburg.

Aufgedruckte No. der Zeugniskarte	Vorname	Zuname	Geburtsort	Vorbildung	Examinatoren	Datum der Ausfertigung	Art der Prüfung
S.-S. 05							
3537	Heinrich	Leiser	Thorn	Human. G.	Erdmann, Liebermann, v. Knorre	4./5. 05	D.
3538	Hans	Hofmann	Berlin	Human. G.	v. Knorre	24./6. 05	D.
3539	Peter	König	Moskau	Human. G.	v. Knorre	24./6. 05	D.
W.-S. 05/06							
3540	Martin	Neufeld	Berlin	G.	Erdmann, Liebermann, v. Knorre	23./10. 05	D.
3541	Joseph	Weis	Manternach (Luxemburg)	G.	v. Knorre	17./3. 06	V.
3542	Fritz	Weyl	Ottweiler (R.-B. Trier)	O.-R.-Sch.	v. Knorre	28./3. 06	V.

Chemisches Laboratorium der landwirtschaftlichen Hochschule zu Berlin.

Aufgedruckte No. der Zeugniskarte	Vorname	Zuname	Geburtsort	Vorbildung	Examinatoren	Datum der Ausfertigung	Art der Prüfung
W.-S. 05/06							
4993	Eugen	Budkewicz	Saratow	G. abs.	Buchner	13./2. 06	

Chemisches Institut der Universität Bonn.

Aufgedruckte No. der Zeugniskarte	Vorname	Zuname	Geburtsort	Vorbildung	Examinatoren	Datum der Ausfertigung	Art der Prüfung
S.-S. 05							
4537	Heinrich	Pohl	Hagen i. W.	Ob.-R. Ab.	Anschütz	1/8. 05	
4541	Friedrich	Meineke	Cöln a. Rh.	G. Ab.		1/8. 05	
W.-S. 05/06							
4546	Paul	Walter	Bonn	G. Ab.		9/11. 05	
4544	Eduard	Förster	Waldbröl	G. bis IIb		9./11. 05	
5044	Rosalind	Clarke	Banbridge (Irland)	Queen's College in Galway 5 Jahr		13./11. 05	
4549	Max	Ziesel	Wesel	G. bis Ia		5./12. 05	
5046	Karl	Knödgen (Pharmazeut)	Coblenz	G. bis IIb		20./12. 05	
5047	Edwin	Wildt	Bradford (Yorkshire, England)	Grammar Sch. Chesterfield		20/12. 05	

Laboratorium f. analyt. u. techn. Chemie. Techn. Hochschule Braunschweig.

S.-S. 05							
5367	Carl	Köbke	Wittenberg	O.-R.-Sch. Ab.	R. Meyer	30./7. 05	D.
W.-S. 05/06							
2146	Hans	Pappée	Wolfenbüttel	G. II a		7./10. 05	V.
2147	Kurt	Lange	Cannstadt	O.-R.-Sch. II a		31./10. 05	D.
2148	Ferdin.	Posner	Calcutta	O.-R.-Sch. Ab.		31./10. 05	D.
2149	Fritz	Spies	Cassel	Ind.-Sch. Ab.		31./10. 05	D.
2150	Paul	Bahntje	Beienrode	G. IIb		31./10. 05	D.
5361	Martin	Seidel	Leipzig	R.-G. Ab.		7./12. 05	V.
5362	Fritz	Niemand	Quedlinburg	O.-R.-Sch. Einj.		7./12. 05	V.
5363	Max	Keuneke	Kissenbrück (Braunschw.)	R.-Sch. Ab.		7./12. 05	V.
5364	Leo	Jampolsky	Odessa	Commerzsch. abs.		7./3. 06	D.
5365	Tobias	Masur	Jurburg (Rußld.)	Commerzsch. abs.		26./3. 06	D.
5366	Judka	Kassmann	Warschau	Commerzsch. abs.		26./3. 06	D.

Pharm.-chem. Laboratorium der Techn. Hochschule Braunschweig.

S.-S. 05							
4601	Karl	Moldenhauer	Gardelegen	Ap. I	Beckurts	21./7. 05	
4602	Max	Franke	Berlin	Ap. I		29/7. 05	
4603	Hans	Berlin	Magdeburg	R.-G. IIb		29./7. 05	

Pharm.-chem. Laboratorium der Techn. Hochschule Braunschweig. Fortsetzung.

Aufgedruckte No. der Zeugniskarte	Vorname	Zuname	Geburtsort	Vorbildung	Examinatoren	Datum der Ausfertigung	Art der Prüfung
W.-S. 05/06							
4604	Emil	Lux	Samonine (Ostpreußen)	Ap. I	Beckurts	11./11. 05	
4605	Fritz	Niemann	Heiligendorf	Ap. I	Beckurts	11./11. 05	
4606	Friedrich	Schaub	Berlin	Ap. I	Beckurts	18./11. 05	
4607	Max	Ohm	Berlin	Ap. I	Beckurts	18./11. 05	
4608	Walter	Pflauz	Greifswald	Ap. II	Beckurts	21./3. 06	

Chemisches Institut Breslau.

S.-S. 05							
4409	Gerhard	Anders	Eichberg b. Bunzlau	G. Ab.	i.V. Abegg	8./5. 05	
4410	Willy	Herrmann	Breslau	O.-R.-Sch. Ib	i.V. Abegg	22./5. 05	
4411	Hans	Kaim	Breslau	G. Ab.	i.V. Abegg	8./6. 05	
4412	Carl	Feidel	Hamburg	O.-R-Sch. Ab.	i.V. Abegg	18./7. 05	
4413	Herbert	Santmann	Gleiwitz (O.-S.)	G. Ab.	i.V. Abegg	21./7. 05	
4414	Hermann	Schmiedel	Neiße	G. II.	i.V. Abegg	21./7. 05	
4415	Hans	Goldschmidt	Wien	O.-R.-Sch. Ab.	i.V. Abegg	22./7. 05	
4416	Martin	Löwensohn	Kamenetz-Podolsk (Rußl.)	Technikum abs.	i.V. Abegg	22./7. 05	
4417	Walter	Nitsche	Breslau	G. Ab.	i.V. Abegg	26./7. 05	
4418	Hans	Kulig	Gr.-Stanisch	Einj.	i.V. Abegg	31./7. 05	
4419	Fritz	Walter	Oppeln	G. Ib	i.V. Abegg	31./7. 05	
4420	Bruno	Mylius	Rathenow	G. Ab.	i.V. Abegg	1./8. 05	
5001	Ossip	Dicker	Chotin (Rußland)	G. Ab.	i.V. Abegg	12./8. 05	
W.-S. 05/06							
5002	Ceslaus	Mizerski	Posen	R.-G. Ia	Ladenburg	6./11. 05	
5003	Fritz	Thiel	Breslau	R.-G. Ab.	Ladenburg	30./1. 06	

Pharmazeutisches Institut Breslau.

W.-S. 05/06							
778	Friedrich	Paschke	Breslau	Ap. I	Gadamer	12./3. 06	

Landw.-technol. Institut der Königl. Universität Breslau.

W.-S. 05/06							
4276	Leon	v. Mozdzenski	Kielze (russ. Polen)	G. Ab.	Ladenburg Ahrens	1./3. 06	

Chemisch-technisches u. elektrochemisches Institut der Technischen Hochschule Darmstadt.

Aufgedruckte No. der Zeugniskarte	Vorname	Zuname	Geburtsort	Vorbildung	Examinatoren	Datum der Ausfertigung	Art der Prüfung
S.-S. 05							
2749	Alfred	Pott	Witten	R.-G. IIb		18./10. 05	
5721	Paul	Klinger	Mügeln	Gew.-Ak.		15./6. 06	
5722	Rudolf	Raab	Frankfurt a. M.	G. Ab.		15/6 06	
5723	Carl	Sauerland	Wiesbaden	R.-G. Ib		15/6. 06	
5724	Ernst	Weigel	Darmstadt	R.-G. Ib	Dieffenbach	15./6. 06	
W.-S. 05/06					Staedel	15./6. 06	
5725	Georg	Braun	Besenfeld	R.-G. Ab.			
5726	Ernst	Kruger	Pilsen	Fachschule		15/6. 06	
5727	Paul	Müller	Cottbus	R-G. Ib		15./6. 06	

Chemisches Institut der Technischen Hochschule zu Darmstadt.

S.-S. 05							
4552	Fritz	Popśiech	Ratibor	Primareife d Hum. G.	Staedel	15./5. 05	
4553	Konrad	Teufel	Nürnberg	Bayr. R.-Sch u. ein Sem. Ind.-Sch.	Staedel	15./5. 05	
4554	Alexand.	Feldhofen	Darmstadt	Primareife d. Hum. G.		15./5. 05	
4555	Léon	Brech	Wloclawek	Primareife d. O.-R.-Sch.		21./7. 05	
4556	Walter	Schulz	Darmstadt	Mat. d. R.-G.		21/7. 05	
4557	Ludwig	Bühler	Offenbach a/M.	Mat. d. Hum. G.	Staedel	21./7. 05	
W.-S. 05/06							
4558	L. D'Arcy	Shepherd	Kristiania	Mat. d. R.-G.		6./3. 06	

Anorganisches Laboratorium und Organisch-chemisches Laboratorium der Technischen Hochschule Dresden.

S.-S. 05							
5649	Max	Koch	Apolda	Gew.-Ak. ChemnitzAb.		11./5. 05	
5650	Horst	Dietrich	Borna	Offz.-Patent		11./5. 05	
5651	Rudolf	Albrecht	Riga	R.-G. Ab.		11./5. 05	
5095	Peter	Andrejew	Margelan (Rußland)	G. Taschkent	W. Hempel E. v. Meyer	12./5. 05	
5096	Martin	Böttcher	Dresden	G. Ab.		12./5. 05	
5097	Arthur	Nicolaus	Zethan i/S	R.-G. Ab.		12./5. 05	
5642	Alfred	Rothe	Dresden	R-G. Ab.		13./5. 05	

Anorganisches Laboratorium und Organisch-chemisches Laboratorium der Technischen Hochschule Dresden.

Aufgedruckte No. der Zeugniskarte	Vorname	Zuname	Geburtsort	Vorbildung	Examinatoren	Datum der Ausfertigung	Art der Prüfung
S.-S. 05							
5643	Chajim	Sapiro	Riga	R. m. Er. Kl. Riga		13./5. 05	
5644	Kurt	Weger	Ölsnitz i/S.	G. Ab.		13./5. 05	
5645	Woldem.	Werner	Moskau	R. m. Er. Kl. Moskau		13./5. 05	
5646	Ugo	Morelli	S. Demetrio (Italien)	O.-G. Manzoni Milano		14./5. 05	
5647	Boris	Pait	Mohilew (Rußl.)	Kom.-Sch. Odessa		14./5. 05	
5648	Johann	Seeberg	Tuckum (Rußl.)	G. Ab.		14./5. 05	
5099	Erich	Scholtz	Marynin (Preuß).	Fachsch. Breslau Ab.		18./7. 05	
5100	Edgar	Zwergel	Hamburg	G. Ab.		18./7. 05	
5652	Hans	Jakoby	München	Chemnitz Ab. Gew.-Ak.		24./7. 05	
5653	Johs.	Köttnitz	Teuchern (Preuß.)	R.-G. Ab.		24./7. 05	
5654	Julius	Münster	Kassa (Ungarn)	O.-R. Kassa (Ung.)	W. Hempel F. v. Meyer	24./7. 05	
W.-S. 05/06							
5655	Ernst	Grafe	Quatitz	R.-G. Ab.		16./10. 05	
5656	Alfred	Oettel	Glauchau (Sachsen)	Gew.-Ak. Chemnitz Ab.		16./10. 05	
5657	Erich	Richter	Vietz (Preußen)	St. R.-Sch. Prag Ab.		16./10. 05	
5658	Rudolf	Römer	Chemnitz	Gew.-Ak. Chemn.		16./10. 05	
5659	Robert	Dr. Bräuer	Speyer	G. Ab.		16./10. 05	
5660	Boris	Moliis	Björneborg (Finnland)	Schwed. Lehranstalt Helsingfors		16./10. 05	
5098	Ernst	Hempelmann	Lemgo	G. Lemgo Ab.		26./10. 05	
5661	Gustav	Bossel	Bukarest	G. Bukarest Ab.		6./3. 06	
5662	Rudolf	Gebauer	Dresden	R.-G. Ab.		6./3. 06	
5663	Johs.	Mätzel	Zittau	R.-G. Ab.		6./3. 06	

Chemisches Laboratorium der Universität Erlangen.

S.-S. 05							
4238	Max	Jahr	Krölpa (S.-M.)	R.-G. Ab.	O. Fischer	26./4. 05	
4239	Albrecht	Krell	München	R.-G. Ab		4./5. 05	
4240	Georg	Prause	Breslau	Ap. I		4./5. 05	
4241	Erich	Schindler	Arnswalde	Ap. I		5./5. 05	

Chemisches Laboratorium der Universität Erlangen. Fortsetzung.

Aufgedruckte No. der Zeugniskarte	Vorname	Zuname	Geburtsort	Vorbildung	Examinatoren	Datum der Ausfertigung	Art der Prüfung
S.-S. 05							
4242	Fritz	Achterfeldt	Aachen	Ap. I u. gepr. Nahrungsmittelchem.	O. Fischer	5./6. 05	
4243	Hans	Mehler	Nürnberg	R.-G. Ab.	O. Fischer	22./7. 05	
4244	Richard	Hobein	Schwerin i/M.	G. Ab.	O. Fischer	27./7. 05	
W.-S. 05/06							
4245	Herm.	Zwicker	Dresden	G. Ab.	O. Fischer	24./10. 05	
4482	Karl	Arntz	Weidenthal (Rheinpfalz)	G. Ab.	Curtius, O. Fischer	9./11. 05	
4247	Ferd.	Falco	Augsburg	Ap. I	O. Fischer	13./11. 05	
4248	Wilhelm	Koller	Offendorf i. B.	Ap. I	O. Fischer	13./11. 05	
4918	Eugen	Schweizer	Schramberg	Ap. I	O. Fischer	7./12. 05	
4913	Kurt	Wolter	Finsterwalde	Ap. I	O. Fischer	7./12. 05	
4930	Walter	Thomas	Görlitz	Ap. I	O. Fischer	7./12. 05	
2244	Richard	Heller	Weimar	R.-G. abs.	Knorr, O. Fischer	16./12. 05	
4249	Gustav	Blume	Barr i. Els.	Hum. G. abs.	O. Fischer	22./2. 06	
4250	Herm.	Klöffler	Cassel	R.-G. abs.	O. Fischer	22./2. 06	
5421	Herm.	Weil	Homburg (Rheinpfalz)	R.-G. abs.	O. Fischer	23./4. 06	
5422	Alfred	Hüttlinger	Nürnberg	R.-G. abs.	O. Fischer	26./4. 06	
5423	Martin	Woernle	Stuttgart	O.-R.-Sch. abs.	O. Fischer	26./4. 06	
5424	Siegfried	Eilles	Augsburg	Ap. I	O. Fischer	30./4. 06	

Pharm.-chem. Institut der Universität Erlangen.

S.-S. 05							
3620	Gustav	Kühn	Haspe (Westfalen)	Ap. I	C. Paal	3./5. 05	
3621	Adolf	Bauer	Niederstetten (Württemberg)	Ap. I	C. Paal	7./7. 05	
3622	Josef	Gerum	Moosburg (Bayern)	Ap. I	C. Paal	18./7. 05	
W.-S. 05/06							
3623	Kurt	Zahn	Mysocz	Ap. I	C. Paal	31./11. 05	

Chemisches Laboratorium der Universität Freiburg i. B. (mediz. Abt.)

S.-S. 05							
3648	August	Hauth	Schlettstadt	Maturum (G.)	Kiliani	2./8. 05	
3649	Georg	Zoller	Baden-Baden	Maturum (G.)	Kiliani	2./8. 05	
W.-S. 05/06							
3650	Fritz	Jenke	Heidelberg	Maturum (G.)	Kiliani	22./12. 05	
5531	Otto	Matthes	Dresden	Maturum (O.-R.-Sch.)	Kiliani	1./3. 05	

Chemisches Laboratorium der Universität Freiburg i. B. (philosoph. Abt.).

Aufgedruckte No. der Zeugniskarte	Vorname	Zuname	Geburtsort	Vorbildung	Examinatoren	Datum der Ausfertigung	Art der Prüfung
S.-S. 05							
4714	Dionys	von Gönez	Csaktornya (Ungarn)	G. Ab.	Gattermann	11./5. 05	
4715	Alfred	Duttenhöfer	Mannheim	G. Ab.	Gattermann	29./5. 05	
4716	William	Kutsch	La Salle (Illin.)	B. Sc.	Gattermann	3./7. 05	
4717	Percy	Chadwick	Hull	B. Sc.	Gattermann	3./7. 05	
4228	Ludwig	Gassner	Mainz	G. Ab.	Gattermann	1./8. 05	
4540	Herm.	Höller	Solingen	O.-R.-Sch. Ab.	Anschütz, Gattermann	1./8. 05	
3589	Hans	Wohlers	New-York	G. Ab.	Gattermann	2./8. 05	
W.-S. 05/06							
4720	Ludwig	Scheller	Treischfeld	G. Ab.	Gattermann	2./11. 05	
5381	Charlotte	Sackur	Berlin	G. Ia	Gattermann	16./11. 05	
4706	Arnold	Weller	Königsberg i. Pr.	G. Ab.	Gattermann	22./11. 05	
4707	Christ.	Hammersen	Osnabrück	G. Ab.	Gattermann	4./12. 05	
4713	Karl Theodor	Volkmann	Düsseldorf	G. Ab.	Gattermann	4./12. 05	
4718	Otto	Steuer	Prag	G. Ab.	Gattermann	13./12. 05	
4705	Paul	Nöther	Mannheim	R.-G. Ab.	Gattermann	13./12. 05	
4225	Philipp	Schmoldt	Freiburg a. E.	R.-G. Ab.	Gattermann	22./12. 05	
5384	Helene	Grimm	Hamburg	Lehrerinnen Examen	Gattermann	1./3. 06	
5388	Fritz	Thomas	Freiburg i. B.	G. Ab.	Gattermann	30./4. 06	
5389	Paula	Blum	Ortelsburg	G. Ab.	Gattermann	30./4. 06	

Chemisches Universitätslaboratorium Gießen.

Aufgedruckte No. der Zeugniskarte	Vorname	Zuname	Geburtsort	Vorbildung	Examinatoren	Datum der Ausfertigung	Art der Prüfung
S.-S. 05							
2919	Johann	Rill	Mainz	R.-G. Ab.	A. Naumann	16./5. 05	
2920	Ferd.	Bezold	Mainz	R.-G. Ab.	A. Naumann	16./5. 05	
2921	Robert	Ehmer	Hochfeld b. Duisburg	G. IIa	A. Naumann	19./6. 05	
2922	Archibald	Mackenzie	Dundee	B. S. u. M. A.	A. Naumann	19./6. 05	
2923	Georg	Frank	Heppenheim	R.-G. Ab.	A. Naumann	11./8. 05	
2924	Adam	Stetter	Waldmichelbach i/O.	R.-G. Einj.	A. Naumann	11./8. 05	
W.-S. 05/06							
2925	Johann	Kämmerer	Mainz	R.-G. Ab.	A. Naumann	30./11. 05	
5471	Robert	Naumann	Gießen	G. Ab.	Dr. Moeser	28./2. 06	
5472	Richard	Henrich	Darmstadt	O.-R.-Sch. Ab	A. Naumann	1./3 06	
5473	Friedrich	Klein	Darmstadt	O.-R.-Sch. Ab.	A. Naumann	1./3. 06	

Physikalisch-chemisches Laboratorium der Universität Gießen.

Aufgedruckte No. der Zeugniskarte	Vorname	Zuname	Geburtsort	Vorbildung	Examinatoren	Datum der Ausfertigung	Art der Prüfung
S.-S. 05							
2764	Willy	Hubmann	Minderleinsmühle	Ab. Ind.-Sch	Elbs	29./6. 05	
W.-S. 05/06							
2766	Paul	Glatz	Genf	G. Ab.	Elbs	31./10. 05	
2769	Hermann	Sturmfels	Gießen	R.-G. Ab.	Elbs	13./12. 05	

Allgemeines Chemisches Universitäts-Laboratorinm Göttingen.

Aufgedruckte No. der Zeugniskarte	Vorname	Zuname	Geburtsort	Vorbildung	Examinatoren	Datum der Ausfertigung	Art der Prüfung
S.-S. 05							
3910	Nikolaus	Glinka	Smolensk	H. G. Ab.	Wallach	20./7. 05	
4583	Hermann	Stroman	Norden	H. G. Ab.	Wallach	20./7. 05	
4585	Arnold	Blumann	Osnabrück	O.-R.-Sch. Ab.	Wallach	1./8. 05	
4586	Adolf	Witte	Hildesheim	H. G. Ab.	Wallach	1./8. 05	
4588	Willibald	Menz	Magdeburg	R.-G. Ab.	Wallach	1 /8. 05	
3799	Erich	Vanselow	Hamburg	O.-R.-Sch. Ab.	Claisen Wallach	1./8. 05	
W.-S. 05/06							
5291	Otto	Faust	Frankfurt a/M.	H. G Ab.	Wallach	23 /10. 05	
5292	Hans Georg	Möller	Altgeringswalde i/S.	H. G Ab.	Wallach	28./2. 06	
5293	Waldemar	Bothe	Barop	R.-G. Ab.	Wallach	28./2. 06	
5294	Carl	Fleischer	Proßnitz	R.-Sch. Ab.	Wallach	28./2. 06	

Institut für anorganische Chemie der Universität Göttingen.

Aufgedruckte No. der Zeugniskarte	Vorname	Zuname	Geburtsort	Vorbildung	Examinatoren	Datum der Ausfertigung	Art der Prüfung
W.-S. 05/06							
3992	Gerhard	Stein	Holt (Kreis Geldern)	O.-R.-Sch. Düren	Tamman	2./11. 05	
3993	Rudolf	v. Sahmen	Dorpat	Klas. G. Dorpat	Tamman	4./11. 05	
3994	Robert	Williams	Hartfort (Connecticut)	B. S. Mass. Inst.ofTech.	Tamman	18./12. 05	
3995	Alfred	Gwyer	Bristol	B. S University London	Tamman	2./3. 06	

Agricultur-chemisches Laboratorium der Universität Göttingen.

Aufgedruckte No. der Zeugniskarte	Vorname	Zuname	Geburtsort	Vorbildung	Examinatoren	Datum der Ausfertigung	Art der Prüfung
S.-S. 05							
1595	Ferd.	Sazyma	Budweis	O.-R.-Sch. Budweis	B. Tollens	31./5. 05	
1596	Carl Ulrich	Lefèvre	Stettin	G.	B. Tollens	31./7. 05	
W.-S. 05/06							
1598	Franz Hermann	Hesselink van Suchtelen	Groenloo (Holland)	Reichslandbauschule Wageningen	B. Tollens	1./3. 06	

Chemisches Institut der Universität Greifswald.

Aufgedruckte No. der Zeugniskarte	Vorname	Zuname	Geburtsort	Vorbildung	Examinatoren	Datum der Ausfertigung	Art der Prüfung
S.-S. 05							
2699	Hugo	Dannehl	Greifswald	O.-R.-Sch. Ab.	K. Auwers	12./8. 05	
W.-S. 05/06							
2700	Friedrich	v. d. Heyden	Ronsdorf b. Elberfeld	R.-G. Ab.	K. Auwers	5./3. 06	

Chemisches Institut der Universität Halle a. S.

Aufgedruckte No. der Zeugniskarte	Vorname	Zuname	Geburtsort	Vorbildung	Examinatoren	Datum der Ausfertigung	Art der Prüfung
W.-S. 05/06							
4523	Karl	Mohs	Halle a/S.	O.-R.-Sch.	Volhard	10./5. 05	
4529	Kurt	Schäfer	Halle a/S.	O.-R.-Sch.	Volhard	18./1. 06	
4536	Otto	Fritze	Düben (Prov. Sachsen)	R.-G.	Volhard	18./1. 06	
5491	Victor	Berkeff	St. Georgen (Siebenbürgen)	H. G.	Volhard	20./2. 06	
5992	Alex	Friedberg	St. Petersburg	H. G.	Volhard	22./2. 06	

Technische Hochschule Hannover. Laboratorium für anorganische Chemie.

Aufgedruckte No. der Zeugniskarte	Vorname	Zuname	Geburtsort	Vorbildung	Examinatoren	Datum der Ausfertigung	Art der Prüfung
S.-S. 05							
2663	Wilhelm	Nieschlag	Hannover	R.-G. (Oberprimareife)	Seubert Behrend	30./6. 05	V.
3603	Gerhard	Schliephacke	Ilsenburg a. Harz	R.-G. Ab.	Seubert Behrend	3./5. 05	V.
W.-S. 05/06							
3604	Guido	Daur	Höchst a/M.	R.-G. Ab.	Seubert Behrend	23./10. 05	V.
3605	Paul	Ehrlich	Königsberg i/Pr.	G. Obersekundareife Ap.	Seubert Behrend	14./11. 05	V.
4590	Carl	Bremer	Eikeloh	R.-G. Ab.	Wallach Behrend	23./5. 06	V.
3602	Cyril	Simpson	Ackworth (England)	Eton-College 5. Kl.	Seubert Behrend	8./3. 06	V.

Universitäts-Laboratorium Heidelberg.

Aufgedruckte No. der Zeugniskarte	Vorname	Zuname	Geburtsort	Vorbildung	Examinatoren	Datum der Ausfertigung	Art der Prüfung
S.-S. 05							
4475	Andreas	von Antropoff	Reval	Russ. R.-Sch. mit Ergkl. abs.	Curtius	24./5. 05	
4478	Ley Francis	Potter	Leicester	B. A.	Curtius	31./5. 05	
4473	Edwin	Wuensch	Mannheim	R.-G. abs.	Curtius	31./5. 05	

Universitäts-Laboratorium Heidelberg. Fortsetzung.

Aufgedruckte No. der Zeugniskarte	Vorname	Zuname	Geburtsort	Vorbildung	Examinatoren	Datum der Ausfertigung	Art der Prüfung
S.-S. 05							
4487	James	Kenner	Brentwood (England)	High-School B. A.	Curtius	3./7. 05	
W.-S. 05/06							
4214	Hans	Paetow	Lübeck	O.-R.-Sch. abs.	Curtius	14./11. 05	
4490	Philipp	Ripley	Andover (Amerika)	B. A. u. B. S.	Curtius	30./11. 05	
4472	Johannes	Kaiser	Hettenleidelheim	G. abs.	Curtius	5./12. 05	
5314	Leo	Polack	Moskau	Russ. G. abs		13./12. 05	
4704	Fritz	Köhler	Heidelberg	O.-R.-Sch. abs	Gattermann Curtius	20./12. 05	
4463	Ferd.	Meyer	Frankfurt a/M.	O.-R.-Sch. abs.	Curtius	20./12. 05	
4469	Fritz	Ackermann	Heilbronn	G. abs.	Curtius	17/1. 06	
4476	Theodor	Eichler	Mannheim	R.-G. abs.	Curtius	30./1. 06	

Laboratorium des Prof. F. Krafft in Heidelberg.

Aufgedruckte No. der Zeugniskarte	Vorname	Zuname	Geburtsort	Vorbildung	Examinatoren	Datum der Ausfertigung	Art der Prüfung
S.-S. 05							
4794	Hans	Reinhardt	Wiesbaden	O.-R.-Sch. IIb	F. Krafft	10/8. 05	
W.-S. 05/06							
4797	Otto	Nicodemus	Wiesbaden	G. abs.	F. Krafft	10./11. 05	
4796	Hans	Hatzig	Hannover	G. abs.	F. Krafft	21./11. 05	

Universitätslaboratorium Jena.

Aufgedruckte No. der Zeugniskarte	Vorname	Zuname	Geburtsort	Vorbildung	Examinatoren	Datum der Ausfertigung	Art der Prüfung
S.-S. 05							
2243	Georg	Pommé	Altona	O.-R.-Sch Ab.	Knorr	3./8. 05	
2246	John	Aitken	Mayo	College Glasgow	Knorr	3/8. 05	
2245	Alfred	Oppé	Mühlhausen	O.-R.-Sch. Ab.	Knorr	15./9. 05	
W.-S. 05/06							
2994	Otto	Dittmer	Bremen	R.-G. Ab.	Knorr	15./11. 05	
2249	Paul	Schön	Dresden-Löbtau	R.-G. Ab.	Knorr	20./3. 06	
2250	Fritz	Braasch	Jena	R.-G. Ab.	Knorr	20/3. 06	
5447	Adolf	Schwarz	Tiefurt	R.-G. Ab.	Knorr	20./3. 06	

Chemisches Laboratorium der Technischen Hochschule zu Karlsruhe.

Aufgedruckte No. der Zeugniskarte	Vorname	Zuname	Geburtsort	Vorbildung	Examinatoren	Datum der Ausfertigung	Art der Prüfung
S.-S. 05							
4499	Ernst	Grunewald	Shipley (England)	8. Klass. höh. Öster. Gew. Schule Ab.	Engler	24./10. 05	V.
4491	Christian	Seer	Klein-Sprenz	R.-G. Ab.	Engler	10./5. 05	V.
4500	Alfred	Rieff	Kl. Blittersdorf	G. IIb	Engler	10./5. 05	V.

Chemisches Laboratorium der Techn. Hochschule zu Karlsruhe. Fortsetzung.

Aufgedruckte No. der Zeugniskarte	Vorname	Zuname	Geburtsort	Vorbildung	Examinatoren	Datum der Ausfertigung	Art der Prüfung
S.-S. 05							
4501	August	Kunzel	Eger	G. IIa	Engler	18./5. 05	V.
4502	Karl Henrik	Michelson	Kuopis (Finnl).	R.-G. Ab.		19./5. 05	
4503	Kurt	Gottlob	Wien	G. Ab.		6./6. 05	
4504	Abraham	Klatschkin	Warschau	Russ. R.-Sch. Ab.		5./6. 05	
W.-S. 05/06							
4506	Emil	Heuser	Stralsund	R.-G. Ab.		19/10. 05	
4507	Franz	Hörth	Bühl	O.-R.-Sch. Ab.		7./11. 05	
4508	Werner	Neovius	St. Petersburg	Kadettensch. Helsingfors		10./11. 05	
4510	Bruno	Nyberg	Abo	R.-G. Helsingfors Ab.		10./11. 05	
4509	Sigmund	Schlupper	Frankfurt a/M.	G. Ib		10./11. 05	
5412	Ludwig	Bohrmann	Mannheim	R.-G. Ab.		7./2. 06	
5414	Oskar	Matter	Kölliken	O.-R.-Sch. IIb		7./2. 06	
4495	Eugen	Spanier	Albersweiler	G. Ab.		14./2. 06	
5402	Kurt	Dyckerhoff	Biebrich a/Rh.	G. Ab.		15./3. 06	
5403	Hans	Müller	Antwerpen	G. Ab.		6./3. 06	
5406	Antonius	Foß	Vestfossen, Norw.	7. Kl. Norw. Privatsch.		6./11. 05	D.
5407	Erich	Kleiner	Kattowitz	G. Ab.		10./11. 05	
5408	Friedrich	Kayser	Mannheim	G. Ab.		29./7. 05	
5409	Weikko	Nüranen	Pielisjärvi (Finnl.)	G. Ab.		18./12. 05	
5410	Max	Beger	Heidelberg	O.-R.-Sch. Ab.		2./2. 06	
3681	August	Weis	Freiburg i/Br.	O.-R.-Sch. Ab.		17./3. 02	
3699	Albert	Löb	Gersheim	Ind.-Sch.		10./2. 04	
4503	James	Koenig	Wiesbaden	O.-R.-Sch. Ab.		12./3. 04	
5404	Fritz	Fleischmann	Freinsheim	G. Ab.		13/12. 04	
5405	Harry	Gottlob	Brünn	Öster. G. Ab.		10/3. 04	

Universitäts-Laboratorium Kiel.

S.-S. 05							
4856	Paul	Temme	Hamburg	O.-R.-Sch.	Harries	8./6. 05	
4857	Wilhelm	Schupp	Dresden	R.-G.		4./8. 05	
W.-S. 05/06							
4858	Carl	Klotz	Eutin	G. bis Ib		27./10. 05	
3791	Arthur	Schütt	Hassee b. Kiel	O.-R.-Sch.	Claisen Harries	27./10 05	
4861	Fritz	Weber	Forbach	G. Ib (Ap. I)	Harries	21./12. 05	
3795	Hermann	Schmidt	Barmen	G.	Claisen Harries	5./2. 06	

Universitäts-Laboratorium Kiel. Fortsetzung.

Aufgedruckte No. der Zeugniskarte	Vorname	Zuname	Geburtsort	Vorbildung	Examinatoren	Datum der Ausfertigung	Art der Prüfung
W.-S. 05/06							
4925	Johannes	Oldekop	Grünhorst	O.-R.-Sch.	Hilger Harries	5/2. 06	
4967	Paul	Hohenemser	Mannheim	G.	E. Fischer Harries	15/2. 06	

Agrikultur-chemisches Institut Königsberg.

Aufgedruckte No. der Zeugniskarte	Vorname	Zuname	Geburtsort	Vorbildung	Examinatoren	Datum der Ausfertigung	Art der Prüfung
S.-S. 05							
3428	Arthur	Wolff	Guttstadt (Ostpr.)	G. IIb	Stutzer	17./5. 05	V.
W.-S. 05/06							
3429	Leopold	Seidler	Bialla (Ostpr.)	G. IIa	Stutzer	10./2. 06	V.

Chemisches Laboratorium der Universität Leipzig.

Aufgedruckte No. der Zeugniskarte	Vorname	Zuname	Geburtsort	Vorbildung	Examinatoren	Datum der Ausfertigung	Art der Prüfung
S.-S. 05							
4627	Hermann	Kretschmar	Chemnitz i/S.	G. Mat.	Hantzsch	5./5. 05	
4628	K. A. Fritz	Müller	Karlshafen a/Weser	Ap. I	Hantzsch	27./5. 05	
4629	Fritz	Werner	Leipzig	R.-G. Mat.	Hantzsch	29./5. 05	
4474	Peter	Kogan	Odessa	Handelsschule Odessa	Hantzsch	29./5. 05	
4630	Jacob	Oechslin	Schaffhausen	G. Mat.	Hantzsch	2./6. 05	
4631	Richard	Härtel	Reichenbach i. V.	Ap. I	Hantzsch	7./6. 05	
4632	Heinrich	Sander	Klein-Freden (Hannover)	G. Mat.	Hantzsch	29./6. 05	
4633	Eduard	Gantert	Barmen	G. Mat.	Hantzsch	20./7. 05	
4634	Joseph	Adolf	Brünn	Einj.-Freiw.	Hantzsch	22./7. 05	
4635	Erich	Seyfferth	Leipzig	R.-G. Mat.	Hantzsch	24./7. 05	
4636	Alfred	Gigold	Schwarzenbach b. Hof	R.-G. Mat.	Hantzsch	25./7. 05	
4637	Theodor	Veit	Waldenburg i. S.	Einj.-Freiw.	Hantzsch	26./7. 05	
4638	Walter	Pohl	Geyer i/S.	G. Mat.	Hantzsch	31./7. 05	
W.-S. 05/06							
4640	Harald	Kalning	Riga	G. Mat.	Hantzsch	1./11. 05	
4641	J. H.	Zortman	Leeds (England)	B. S. Manchester	Hantzsch	22./11. 05	
4642	Erhard	Schramm	Reichenbach i/R.	G. incl. IIb	Hantzsch	12./12. 05	
5343	Rudolf	Bauer	Treuen i/V.	G. Mat.	Hantzsch	18./12. 05	
5344	Nicolaus	Rosanoff	Moskau	Russ. G. Mat.	Hantzsch	9./1. 06	
4481	Wilhelm	Kemmerich	Köln a/Rh.	G. Mat.	Hantzsch	19./1. 06	
5345	Otto	Jüntgen	Hilden b. Düsseldorf	O.-R.-Sch. Mat.	Hantzsch	30./1. 06	
5346	Constantin	Dombrowski	Petersburg	Russ. G. Mat.	Hantzsch	12./2. 06	

Chemisches Laboratorium der Universität Leipzig. Fortsetzung.

Aufgedruckte No. der Zeugniskarte	Vorname	Zuname	Geburtsort	Vorbildung	Examinatoren	Datum der Ausfertigung	Art der Prüfung
W.-S. 05/06							
5347	Kurt	Meisenburg	Düsseldorf	O.-R.-Sch.Mat.	Hantzsch	13./2. 06	
4574	Gustav	Reddelin	Nagasaki (Japan)	G. Mat.	Hantzsch	17./2. 06	
2248	Hans	Leupold	Arnstadt	G. Mat.	Hantzsch	20./2. 06	
5348	Andreas	Nikolopoulos	Syra (Griechenland)	Griech. G. Mat.	Hantzsch	23./2. 06	
5349	Friedrich	Hilscher	Chemnitz i/S.	Absol. d. Gewerbeakad.	Hantzsch	24./2. 06	
5350	Ernst	Leskien	Leipzig	G. Mat.	Hantzsch	1./3. 06	
5351	Rudolf	Waentig	Zittau	R.-G. Mat.	Hantzsch	2./3. 06	
5352	Hermann	Eyssen	Frankfurt a. M.	O.-R.-Sch. Ab.	Hantzsch	5./3. 06	
5353	Rudolf	Flade	Chemnitz	Absol.d.Gew.-Ak.Chemnitz	Hantzsch	5./3. 06	
5354	Otto	Kiessling	Werdau	Gew.-Ak. abs.	Hantzsch	7./3. 06	
5355	Siegfried	Seydel	Crimmitschau	Gew.-Ak. abs	Hantzsch	8./3. 06	

Physik.-chem. Institut der Universität Leipzig.

Aufgedruckte No. der Zeugniskarte	Vorname	Zuname	Geburtsort	Vorbildung	Examinatoren	Datum der Ausfertigung	Art der Prüfung
S.-S. 05							
2950	Jwan	Plotnikow	Tambow	G. Ab. Tambow	Ostwald	5./5. 05	
4203	Gregor	Losev	Krasnolobodsk	Geistl. Sem.	Ostwald	2./5. 05	
4205	André	Baltzer	Rouen	École polyt. Paris	Ostwald	2./5. 05	
4198	Alfred	Genthe	Leipzig	R.-G Ab.	Ostwald	31./5. 05	
4208	Th. Francis	Rutter	London	B. Sc.	Ostwald	31 /5. 05	
4210	Jan	Muszkat-Muszkowsky	Warschau	G. Ab.	Ostwald	31./5. 05	
W.-S. 05/06							
5161	Erich	Kindscher	Leipzig	Hand.-Sch.	Ostwald i. V. Luther	28./10. 05	
4204	Emanuel	Goldberg	Moskau	G. Ab.	Ostwald i. V. Luther	11./11. 05	
5169	Chil	Lachs	Warschau	R.-G. Ab.	Ostwald i. V. Luther	31./1. 06	
5165	Georg	Wuppermann	Aachen	R.-G. Ab.	Ostwald i. V. Luther	7./2. 06	
2946	Walter	Pollatz	Dresden	G. Ab.	Ostwald i. V. Luther	14 /2. 06	
4201	Wilhelm	Dietz	Barmen	O.-R.-Sch. Ab.	Ostwald i. V. Luther	9./3. 06	
5167	Johann	Scholz	Tscheitsch (Ö.-U.)	G. Ab.	I. V. Luther	30./3. 06	

Laboratorium für angewandte Chemie der Universität Leipzig.

Aufgedruckte No. der Zeugniskarte	Vorname	Zuname	Geburtsort	Vorbildung	Examinatoren	Datum der Ausfertigung	Art der Prüfung
S.-S. 05							
4292	Friedrich	Junker	Stützerbach i. Thür.	G. IIa	Prof. Dr. E.Beckmann	19./5. 05	
5102	Ernst	Blobel	Leipzig	G. IIa	Prof. Dr. E.Beckmann	31./7. 05	

Laboratorium für angewandte Chemie der Universität Leipzig. Fortsetzung.

Aufgedruckte No. der Zeugniskarte	Vorname	Zuname	Geburtsort	Vorbildung	Examinatoren	Datum der Ausfertigung	Art der Prüfung
S.-S. 05							
5103	Wilhelm	Mueller	Leipzig	R.-G. Ab.	Prof. Dr. E. Beckmann	19./7. 05	
4291	P.	Hase	Schmölln (S.-A.)	R.-G. IIa		26./5. 05	
4297	Julius	Sölling	Essen a. Rh.	G. IIa		28./7. 05	
4298	Richard	Siebert	Wilhelmshaven	G. IIa		31./7. 05	
W.-S. 05/06							
4296	Bernh.	Held	Delitzsch	Ap. I		6./11. 05	
5104	Alfred	Eckardt	Leipzig	G. Ab.		2./11. 05	
5113	Johann Maria	Heimann	Burtscheid b. Aachen	G. Ab.		14./12. 05	
5108	Martin	Paucke	Berlin	R.-G. IIa Ap. I		2./2. 06	
5107	Paul	Einax	Sabissa (Kr. Zeitz)	G. IIa		14./2. 06	
4295	Heinrich	Schmidtgen	Riesa	G. IIa Ap. I		15./2. 06	
5115	Hans	Kühne	Magdeburg	R.-G. Ia		23./2. 06	
5120	Arnold	Lewinsohn	Altenburg	R.-G. IIa Ap. I		23./2. 06	
5110	Ernst	Müller	Kattowitz i. Schl.	G. IIa Ap. I		26./2. 06	
5105	Moritz	Major	Eger i. Böhmen	G. Ab.		2./3. 06	
5118	Otto	Noetzel	Danzig	Ap. I		5./3. 06	
5112	August	Cappel	Rammelsbach (Bayr. Pfalz)	G. Ib		6./3. 06	

Chem. Laboratorium des physiologischen Instituts der Universität Leipzig.

S.-S. 05							
2400	Emil	Badstübner	Grün i/V.	G. Obersek.	M. Siegfried	24./5. 05	
W.-S. 05/06							
5611	Frederick	Birchard	Toronto	B.-A.		19./3. 06	

Chemisches Institut der Universität Marburg.

S.-S. 05							
3867	Karl	Kircher	Meisenheim	O.-R.-Sch. Ab.	Zincke	28./4. 05	
3868	Wilhelm	Breitwieser	Kleestadt	G. Ab.		8./5. 05	
3869	Adolf	Heyde	Felsberg	G. Ia		8./5. 05	
5062	Rudolf	Brune	Osnabrück	G. Ab.		31./5. 05	
5064	Herm.	Seemiller	Wiesbaden	O.-R.-Sch. Ab.		8./6. 05	
3862	Jvor	Thomas	Glanamman (England)	Univ. Coll. B.-S.		23./6. 05	
3866	Paul	Lincke	Staßfurt	G. Ab.		20./7. 05	
5063	August	Langenberg	Krefeld	R.-G IIb		31./7. 05	
W.-S. 05/06							
5068	Eugen	Zacher	Erfurt	R.-G. Ab.		31./10. 05	
5065	Wilhelm	Raßbach	Wiesbaden	O.-R.-Sch. Ab		7./12. 05	
5069	Victor	Gebhart	Zweibrücken	G. IIb		1./3. 06	
5071	Aloys	Custodis	Polch	G. IIb		1./3. 06	
5074	Gehrhard	Flicker	Barmen	G. Ab.		9./3. 06	

Pharmazeut.-chem. Institut der Universität Marburg.

Aufgedruckte No. der Zeugniskarte	Vorname	Zuname	Geburtsort	Vorbildung	Examinatoren	Datum der Ausfertigung	Art der Prüfung
S.-S. 05							
4987	**Otto**	**Jüngken**	Berlin	Ap. III	E. Schmidt	5./4. 05	
W.-S. 05/06							
4988	**Martin**	**Schenck**	Siegen	G. Ab.	E. Schmidt	26./10. 05	
4989	**Willmar**	**Schwabe**	Leipzig	G. Ab.	E. Schmidt	8./11. 05	
4990	**Carl**	**Seegers**	Hildesheim	R.-G. Ab.	E. Schmidt	17./11. 05	
5601	**Dietrich**	**Johannsen**	Fedderwerden	Ap. II	E. Schmidt	8./5. 06	

Chemisches Laboratorium des Staates in München.

S.-S. 05							
4039	**Felix**	**Ochs**	Mailand	Abs. O.-R.-Sch.	v. Baeyer	3./5. 05	
4810	**Theodor**	**Jenner**	Braunschweig	Abs. R.-G.	Krafft, v. Baeyer	5./5. 05	
4040	**Hermann**	**Wüstenfeld**	Schweinfurt	Abs. Hum. G.	v. Baeyer	8./5. 05	
4041	**Max**	**Hartmann**	St. Gallen	Abs. Kantonschule	v. Baeyer	26./6. 05	
4042	**Konrad**	**Delbrück**	Berlin	Abs. Hum. G	v. Baeyer	27./6. 05	
4043	**Siegfried**	**Merzbacher**	München	Abs. Hum. G	v. Baeyer	30./6. 05	
4044	**Hans**	**Aickelin**	Reutlingen	Abs. O.-R.-Sch.	v. Baeyer	4./7. 05	
4045	**Angelo**	**Knor**	München	Abs. Hum. G.	v. Baeyer	4./7. 05	
4046	**Fritz**	**Hess**	Mannheim	Abs. O.-R.-Sch.	v. Baeyer	14./7. 05	
4047	**Otto**	**Hübner**	Erfurt	Ap.	v. Baeyer	20./7. 05	
4048	**Oskar**	**Dienstbach**	Usingen	Abs. Hum. G.	v. Baeyer	20./7. 05	
4049	**James**	**Gans**	Hamburg	Ap.	v. Baeyer	21./7 05	
4050	**Paul**	**Ruggli**	Montevideo	Abs. Hum. G.	v. Baeyer	25./7. 05	
4051	**Friedrich**	**Meyer**	Stuttgart	Abs. Hum. G	v. Baeyer	25./7. 05	
4052	**Erich**	**Hesse**	Frankfurt (Main)	Abs. Hum. G	v. Baeyer	26./7. 05	
W.-S. 05/06							
4054	**Alexand.**	**von Bagh**	Petersburg	Abs. Hum. G.	v. Baeyer	25 10. 05	
4055	**Max**	**Dingler**	Landshut	Abs. Hum. G.	v. Baeyer	26./10. 05	
4056	**Albert**	**Klein-schmitt**	Schwetzingen	Abs. R.-G.	v. Baeyer	20./11. 05	
4057	**Rudolf**	**Seuffert**	Erlangen	Abs. Hum. G.	v. Baeyer	24./11. 05	
4058	**Erwin**	**Brettauer**	Frankfurt (Main)	Abs. R.-G.	v. Baeyer	8./12. 05	
4059	**Franz**	**Grammling**	Weigental	Abs. Hum. G.	v. Baeyer	12./1. 06	
4060	**Hermann**	**Hess**	München	Abs. Hum. G.	v. Baeyer	20./2. 06	
4061	**Karl**	**Pfister**	Freising	Abs. R.-G.	v. Baeyer	20./2. 06	
4062	**Erwin**	**Gmelin**	München	Abs. Hum. G.	v. Baeyer	21./2. 06	
4063	**Hugo**	**Keller**	München	Abs. Hum. G.	v. Baeyer	9./3. 06	

Laboratorium für angewandte Chemie an der Kgl. Universität in München.

Aufgedruckte No. der Zeugniskarte	Vorname	Zuname	Geburtsort	Vorbildung	Examinatoren	Datum der Ausfertigung	Art der Prüfung
W.-S. 05/06							
4914	Paul	Haertel	Rosenheim	Ap. II	Th. Paul	3./11. 05	
4262	Hans	Murschhauser	Böbingen	Ap. I	Th. Paul	22./12. 05	
4920	Carlo	Tondani	Mailand	Hum. G. ohne Reifezeugn.	Th. Paul	22./12. 05	
4921	Emil	Werz	München	Ap. III	Th. Paul	10./1. 06	
4922	Karl	Rasp	München	Ap. II	Th. Paul	10./1. 06	
4265	Otto	Herb	Hamburg	Ap. II	Th. Paul	19./1. 06	
4263	Kurt	Gebhard	Elberfeld	Hum. G	Th. Paul	19./1. 06	
4269	Emil	Trutzer	Kirchheimbolanden	Hum. G.	Th. Paul	3./3. 06	
4929	Max	Göttler	München	Hum. G.	Th. Paul	3./3. 06	
4928	Hans	Schultze	Schötmar	R.-G	Th. Paul	11./5. 06	

Anorg.-chemisches Laboratorium der Technischen Hochschule München.

Aufgedruckte No. der Zeugniskarte	Vorname	Zuname	Geburtsort	Vorbildung	Examinatoren	Datum der Ausfertigung	Art der Prüfung
W.-S. 05/06							
1895	Wilhelm	Schwake	Hannover	—	Muthmann	2./3. 06	
1896	Peter	Liebrich	Kaiserslautern	Ind.-Sch.	Muthmann	2./3. 06	
1898	Jakob	Reich	Kirchheimbolanden	Ind.-Sch.	Muthmann, Schultz	2./3. 06	
1899	Erich	Weber	Rostock	G.	Muthmann	14./3. 06	
1900	Richard	Koster	Dorpat	G.	Muthmann	15./3. 06	
4721	Henri	Hauser	Neuchâtel	G.	Muthmann	15./3. 06	

Chemisch-technisches Laboratorium der Technischen Hochschule München.

Aufgedruckte No. der Zeugniskarte	Vorname	Zuname	Geburtsort	Vorbildung	Examinatoren	Datum der Ausfertigung	Art der Prüfung
S.-S. 05							
4755	André	Barbier	Paris	Baccalaureat	Schultz	3./7. 05	
2767	Heinrich	Zöller	Schlitz (Oberhessen)	R.-G.	Elbs, Schultz	12./7. 05	
4756	Max	Freitag	München	Ind.-Sch.	Muthmann, Schultz	18./7. 05	
4757	Rudolf	Siller	Pfersee	Ind.-Sch.	Muthmann, Schultz	18./7. 05	
4758	Arthur	Geiger	Gundelfingen	Ind.-Sch.	Muthmann, Schultz	18./7. 05	
4759	Eugen	Neumann	Freisbach (Pfalz)	Ind.-Sch.	Muthmann, Schultz	18./7. 05	
4760	Eduard	Schenk	Aschaffenburg	Ind.-Sch.	Muthmann, Schultz	18./7. 05	
4761	Richard	Lehmann	Ebenhausen b. Ingolstadt	Ind.-Sch.	Muthmann, Schultz	18./7. 05	
4762	Hermann	Bussjäger	Inningen	G.	Muthmann, Schultz	18./7. 05	
4763	Hans	Schlumberger	Augsburg	R.-G.	Muthmann, Schultz	18./7. 05	
2768	Johannes	Schwenk	Niedereschbach	R.-G.	Elbs, Schultz	19./7. 05	

Chem.-techn. Laboratorium der Techn. Hochschule München. Fortsetzung.

Aufgedruckte No. der Zeugniskarte	Vorname	Zuname	Geburtsort	Vorbildung	Examinatoren	Datum der Ausfertigung	Art der Prüfung
S.-S. 05							
4764	Georg	Ehrmann	Röthenbach b. Nürnberg	Ind.-Sch.	Muthmann, Schultz	21./7. 05	
4765	Heinrich	v. Bezold	Lohr a/M.	R.-G.		8./8. 05	
2770	August	Löhr	Wiesbaden	O.-R.-Sch.	Elbs, Schultz	11./8. 05	
W.-S. 05/06							
4766	Hans	Jordt	Flensburg	O.-R.-Sch.	Schultz	24./10. 05	
4767	Emil	Koltai	Braila (Rumän.)	G.		19./1. 06	
4768	Gustav	Dorfmüller	Regensburg	Ind.-Sch.	Muthmann, Schultz	24./1. 06	
4770	Jsidor	Budu	Bacau (Rumän.)	G.		15./3. 06	

Chemisches Institut der Universität Münster i. W.

S.-S. 05							
4575	Heinrich	Römer	Elberfeld	O.-R.-Sch. Ab.	Wallach, Salkowski	29./5 05	
4306	Alex	Diedrichs	Ottbergen b. Höxter	R.-G. Ab.		29./5. 05	
4307	Eduard	Dinslage	Köln	G. Ab. Ap. I		5./6. 05	
4308	Adolf	Windelschmidt	Eilendorf b. Aachen	G. Ab.	Salkowski	19./6. 05	
W.-S. 05/06							
4309	Heinrich	Plagge	Lünen	Landwirt-Sch. abs. Lüdinghausen		17./10. 05	

Chemisches Universitäts-Laboratorium Rostock.

S.-S. 05							
4438	Felix	Doepmann	Wallhausen	R.-G. IIa Ap I	Michaelis	12./5. 05	
4462	Hermann	Baum	Kurtenbach	G. Ib	Curtius, Michaelis	24./5. 05	
5141	Erwin	Wichert	Colberg	Landw. Sch. Ab.	Michaelis	22./6. 05	
5142	Arthur	Köhler	Randten	O.-R.-Sch. IIa		18./7. 05	
4945	Fritz	Ancker	Berlin	G. Ib	E. Fischer, Michaelis	4./8. 05	
W.-S. 05/06							
774	Christ.	Käding	Prerow	Ap. I G. IIa	Gadamer, Michaelis	17./10. 05	
5144	Walter	Jarmatz	Ribnitz	R.-G. Ab.	Michaelis	20./10. 05	
4404	Harry	Lachmann	Bartschin	G. Ib	Ladenburg, Michaelis	22./11. 05	

Chemisches Universitäts-Laboratorium Rostock. Fortsetzung.

Aufgedruckte No. der Zeugniskarte	Vorname	Zuname	Geburtsort	Vorbildung	Examinatoren	Datum der Ausfertigung	Art der Prüfung
W.-S. 05/05							
5146	Max	Prütz	Neuthymen	G. IIa Ap I	Michaelis	14./12. 05	
5145	Otto	Hillmann	Barmen	O.-R.-Sch. IIa	Michaelis	24./1. 06	
5147	Karl	Lederer	Arnstadt	G. IIa Ap. I	Michaelis	12./2. 06	
5121	Heinrich	Wiegand	Graefental	G. IIa Ap. II	Tafel, Michaelis	19./2. 06	
5148	Paul	Riebel	Penzlin	R.-Sch. Ab.	Michaelis	19./2. 06	
5149	Karl	Hoelzer	Butzbach	R. Ab. Ap. I	Michaelis	20./2. 06	
5150	Otto	Kleist	Potsdam	R.-G. IIa Ap. I	Michaelis	21./2. 06	

Chemisches Laboratorium der Universität Straßburg.

S.-S. 05							
4819	Hermann	Hildebrand	Illkirch	G.		4./3. 05	
4820	Georg	Degermann	Barr	6. Kl. R.-Sch. Reife	Thiele	18./7. 05	
4821	Alexand.	Wacker	Leipzig	G.	Thiele	4./8. 05	
4822	Georg	Lutz	Straßburg	O.-R.-Sch.	Thiele	27./7. 05	
4823	Siegfried	Hauser	Rust i. Baden	R.-G.	Thiele	1./8. 05	
4824	Alfred	Reis	Wien	G. (Österr.)	Thiele	3./8. 05	
W.-S. 05/06							
4825	Georg	Bode	Frankfurt a/M.	O.-R.-Sch.	Thiele	2./11. 05	

Laboratorium für allgemeine Chemie, Technische Hochschule Stuttgart.

S.-S. 05							
4375	Adolf	Nicole	Genf	Ap. I	Hell	4./5. 05	
4376	Emil	Gansser	Bregenz	Ap. I	Hell	4./5 05	
4377	Ernst	Breit	Tübingen	Ap. I	Hell	19./5. 05	
4378	Wilhelm	Reichert	Nagold	O.-R.-Sch. Ia	Hell	19./5. 05	
4379	Wilhelm	Bühler	Ludwigsburg	Ap. I	Hell	24./6 05	
4380	Adolf	Denz	Dietenhofen (Lothringen)	O.-R.-Sch. IIa	Hell	24./6. 05	
4381	Albert	Geßler	Metzingen	O.-R.-Sch. Ab.	Hell	24./6. 05	
4382	Eduard	Niethammer	Lonsee	Ap. I	Hell	24./6. 05	
W.-S. 05/06							
4383	Robert	Schäfer	Stuttgart	Ap. I	Hell	18./12. 05	
4384	Adolf	Jaiser	Stuttgart	Ap. I	Hell	16./3. 06	

Chem.-technologisches Laboratorium der Technischen Hochschule Stuttgart.

S.-S. 05							
2965	Karl	Bauer	Heimerdingen	Ap. I	Haeußermann	1./7. 05	
2966	Eugen	Schertlen	Stuttgart	R.-Sch. IIa	Haeußermann	20./7. 05	

Chem.-technolog. Laboratorium der Techn. Hochschule Stuttgart. Fortsetzung.

Aufgedruckte No. der Zeugniskarte	Vorname	Zuname	Geburtsort	Vorbildung	Examinatoren	Datum der Ausfertigung	Art der Prüfung
S.-S. 05							
2967	Franz	Rosa	Dorpat	R.-Sch. II a	Haeußermann	26/7. 05	
W.-S. 05/06							
2968	Wilhelm	Lay	Heidelberg	Einj.-Freiw.		11./3. 06	
2969	Karl	Schwimmer	Neusatz	—		12./3. 06	

Chemisches Laboratorium der Universität Tübingen.

S.-S. 05							
4773	Reinhold	Krebs	Berlin	G. IIa Ap. I	W. Wislicenus	26./5. 05	
4774	Martin	Rödiger	Berlin	G. Ab.		11/7. 05	
4775	Ludwig	Storz	Horb	G. II a Ap. I		17./7. 05	
W.-S. 05/06							
4779	Emil	Kleisinger	Frankfurt a/M.	O.-R.-Sch. Ab.		21./2. 06	
4780	Rudolf	Grützner	Bern	G. Ab.		7/3. 06	

Chemisches Institut der Universität Würzburg.

S.-S. 05							
2984	Rudolf	Mayer	Würzburg	Ind.-Sch. abs.	Tafel	3./5. 05	
2985	August	Gompf	Würzburg	R.-G. abs.		4./5. 05	
2982	Anton	Flucke	Aibling	G. abs.		14./6. 05	
5121	Heinrich	Wiegand	Graefental	Ap. II		./7. 05	
W.-S. 05/06							
2998	Kurt	Zimmermann	Berlin	R.-G. abs.		24./10. 05	
5123	Herbert Bryan	Thompson	Burton-on-Trent	M. S. (Birmingham)		2./11. 05	
3000	Michael	Menz	Bamberg	G. abs.		15/11. 05	
2995	Wilhelm	Jürgens	Arnsberg	G. abs.		11./12. 05	
5125	Georg	Stamm	Wiesbaden	O.-R.-Sch. abs.		21./12. 05	
2993	Gottlieb	Boenitsch	Mistelgan	G. abs.		18./1. 06	
5131	Richard	v. Buttler	Budapest	Österr. O.-R. Sch. abs.		8./3. 06	

Technologisches Institut der Universität Würzburg.

S.-S 05							
3461	Paul	Reinecke	Custrena	Ein.-Zeugn.	Medicus	11./7. 05	
3462	Wladimir	Asoff	Rostoff a/D.	Russ. R.-G. Abs.		19/7. 05	
3463	Richard	Liere	Nauen	Ap.		19./7. 05	

E.

Register der Ergänzungszeugnisse

zu den Zeugnissen

des Verbandes der Vorstände chem. Laboratorien an deutschen Hochschulen

für Sommer-Semester 1905 und Winter-Semester 1905/6.

Landw. technol. Institut der Universität Breslau.

Nummer des Zeugnisses	Vorname	Zuname	Geburtsort	Datum der Ausfertigung	Examinatoren	Prüfungsgegenstand
S.-S. 05						
4273	**Alfred**	**Scholze**	Breslau	24./7. 05	F. B. Ahrens	Chem. Technologie
3923	**Kurt**	**Dittrich**	Nicolai O.-S.	28./7. 05	F. B. Ahrens	Chem. Technologie

Kulturtechnisches Institut der Universität Breslau.

Nummer des Zeugnisses	Vorname	Zuname	Geburtsort	Datum der Ausfertigung	Examinatoren	Prüfungsgegenstand
S.-S. 05						
1350	**Kurt**	**Bartsch**	Breslau	20./7. 05	Prof. Lüdecke	Maschinenkunde

Physikalisch-chemisches Laboratorium der Universität Giessen.

Nummer des Zeugnisses	Vorname	Zuname	Geburtsort	Datum der Ausfertigung	Examinatoren	Prüfungsgegenstand
S.-S. 05						
1965	**Friedrich**	**Bartens**	Hannover	12./7. 05	Elbs	Elektrochemie
W.-S. 05/06						
1762	**Alfred**	**Schneider**	Weiterstadt	23./3. 06	Elbs	Elektrochemie

Chemisches Universitäts-Laboratorium Heidelberg.

Nummer des Zeugnisses	Vorname	Zuname	Geburtsort	Datum der Ausfertigung	Examinatoren	Prüfungsgegenstand
W.-S. 05/06						
4466	**David**	**Lichty**	Ann-Arbor U.-S.-A.	30./10. 05	Bredig	Physikal. Chemie
4461	**Iwan**	**Teletow**	Astrachan	6./11. 05	Bredig	Physikal. Chemie
3267	**Albert**	**Marck**	Mannheim	10./11. 05	Bredig	Physikal. Chemie
4475	**Andr. von**	**Antropoff**	Reval	27./11. 05	Bredig	Physikal. Chemie
4468	**Ellw. B.**	**Spear**	Aurora (Canada)	15./1. 06	Bredig	Physikal. Chemie
4209	**James**	**Mac Bain**	Chatham (Canada)	16./1. 06	Bredig	Physikal. Chemie

Phys.-chem. Institut der Universität Leipzig.

Nummer des Zeugnisses	Vorname	Zuname	Geburtsort	Datum der Ausfertigung	Examinatoren	Prüfungsgegenstand
S.-S. 05						
2950	Johann	Plotnikow	Tambow	5./5. 05	W. Ostwald	Physikal. Chemie
4202	Albert	Ritzel	Bierstadt b. Wiesbaden	3./7. 05	W. Ostwald	Physikal. Chemie
4199	Colin	Fink	New Jersey (U. S. A.)	28./7. 05	W. Ostwald	Physikal. Chemie
4200	Kurt	Bube	Leipzig	28./7. 05	W. Ostwald	Physikal. Chemie
W.-S. 05/06						
4208	Frank	Rutter	London	18./11. 05	R. Luther i. V.	Physikal. Chemie
4201	Wilhelm	Dietz	Barmen	18./11. 05	R. Luther i. V.	Physikal. Chemie
4204	Emanuel	Goldberg	Moskau	18./11. 05	R. Luther i. V.	Physikal. Chemie
3988	Rudolf	Cahn-Speyer	Wien	16./2. 06	R. Luther i. V.	Physikal. Chemie
4203	Gregor	Losev	Krasnoslabodsk	16./2. 06	R. Luther i. V.	Physikal. Chemie
3050	Georg	v. Landgraf	Bad Homburg	27./2. 06	R. Luther i. V.	Physikal. Chemie
4263	Kurt	Gebhardt	Elberfeld	9./4. 06	R. Luther i. V.	Physikal. Chemie
1095	Conrad	v. Hohorst	Halle	9./4. 06	R. Luther i. V.	Physikal. Chemie

Chem. Laboratorium des physiologischen Institutes der Universität Leipzig.

Nummer des Zeugnisses	Vorname	Zuname	Geburtsort	Datum der Ausfertigung	Examinatoren	Prüfungsgegenstand
W.-S. 05/06						
2391	Chaim	Buslik	Klewan (Rußland)	18./10. 05	M. Siegfried	Physiolog. Chemie

Mineralogisches Institut der Universität München.

Nummer des Zeugnisses	Vorname	Zuname	Geburtsort	Datum der Ausfertigung	Examinatoren	Prüfungsgegenstand
S.-S. 05						
4256	Karl	Starke	Güsten	11./7. 05	Prof. P. Groth	Mineralogie
3059	Hans	Stenzl	München	28./7. 05	Prof. P. Groth	Mineralogie
4012	Arthur	Kron	Solingen	28./7. 05	Prof. P. Groth	Mineralogie
3075	Alexand.	Hamburger	München	28./7. 05	Prof. P. Groth	Mineralogie
3074	Max	Benz	Ludwigsburg	28./7. 05	Prof. P. Groth	Mineralogie
W.-S. 05/06						
4062	Erwin	Gmelin	München	10./3. 06	Prof. P. Groth	Mineral. u. Kryst.
4010	Stephan	Gambarow	Tiflis	10./3. 06	Prof. P. Groth	Mineral. u. Kryst.
3075	Alexand.	Hamburger	München	10./3. 06	Prof. P. Groth	Krystallographie
4003	Heinrich	v. Diesbach	Freiburg (Schweiz)	10./3. 06	Prof. P. Groth	Krystallographie
4023	Ludwig	Conrad	Landau (Pfalz)	10./3. 06	Prof. P. Groth	Krystallographie
3061	Klaus	Diehl	München	10./3. 06	Prof. P. Groth	Mineralogie und Krystallograph.
4002	Julius	Neresheimer	Starnberg	10./3. 06	Prof. P. Groth	Mineralogie und Krystallograph.
4016	Paul	Eppinger	Ludwigsburg	10./3. 06	Prof. P. Groth	Mineralogie und Krystallograph.
4043	Siegfried	Merzbacher	München	10./3. 06	Prof. P. Groth	Mineralogie und Krystallograph.
4044	Hans	Aickelin	Reutlingen	10./3. 06	Prof. P. Groth	Mineralogie und Krystallograph.

F.

Übersichtstabelle über die Anzahl der ausgestellten Verbandszeugnisse.

Ort	Institut	Zahl der ausgestellten Zeugnisse			
		im Sommer 1905		im Winter 1905/06	
		U*)	T*)	U*)	T*)
Aachen	Chemisches Laboratorium T	—	—	—	3
Berlin	I. Chemisches Institut U	27	—	13	—
Berlin	Physik.-chemisches Institut U	1	—	—	—
Berlin	Technologisches Institut U	1	—	1	—
Berlin	Anorganisches Laboratorium T	—	22	—	16
Berlin	Organisches Laboratorium T	—	—	—	8
Berlin	Elektrochemisches Laboratorium T	—	3	—	3
Berlin	Chemisches Laboratorium der landw. Hochschule	—	—	—	1
Bonn	Chemisches Institut U	2	—	6	—
Braunschweig	Laboratorium für analytische und technische Chemie T	—	1	—	11
Braunschweig	Pharmazeutisches Institut T	—	3	—	5
Breslau	Chemisches Institut U	13	—	2	—
Breslau	Pharmazeutisches Institut U	—	—	1	—
Breslau	Landwirtschaftlich-technologisches Institut U	—	—	1	—
Danzig	Organisch-chemisches Institut T	—	—	—	—
Darmstadt	Chemisches Institut T	—	5	—	3
Darmstadt	Chemisch-technisches und elektrochemisches Institut T	—	6	—	1
Dresden	Chemisches Institut T	—	19	—	9
Erlangen	Chemisches Institut U	7	—	14	—
Erlangen	Pharmazeutisch-chemisches Institut U	3	—	1	—
Freiburg	Chemisches Laboratorium (med. Abt.) U	2	—	2	—
Freiburg	Chemisches Laboratorium (philos. Abt.) U	7	—	11	—
Gießen	Chemisches Laboratorium U	6	—	4	—
Gießen	Physikalisch-chemisches Laboratorium U	1	—	2	—
Göttingen	Allgemeines chemisches Laboratorium U	6	—	4	—
Göttingen	Laboratorium für anorganische Chemie U	—	—	4	—
Göttingen	Agrikultur-chemisches Laboratorium U	2	—	1	—
Greifswald	Chemisches Institut U	1	—	1	—

Halle	Chemisches Institut U	—	—	5	—
Hannover	Laboratorium für organische Chemie T	—	2	—	4
Heidelberg	Universitäts-Laboratorium U	4	—	8	—
Heidelberg	Laboratorium des Prof. F. Krafft U	1	—	2	—
Jena	Universitäts-Laboratorium U	3	—	4	—
Karlsruhe	Chemisches Institut T	—	7	—	15
Kiel	Universitäts-Laboratorium U	2	—	6	—
Königsberg	Universitäts-Laboratorium U	—	—	—	—
Königsberg	Agrikultur-chemisches Institut U	1	—	1	—
Leipzig	Chemisches Laboratorium U	13	—	19	—
Leipzig	Physikalisch-chemisches Institut U	6	—	7	—
Leipzig	Laboratorium für angewandte Chemie U	6	—	12	—
Leipzig	Chemisches Laboratorium des physiologischen Instituts U	1	—	1	—
Marburg	Chemisches Institut U	8	—	5	—
Marburg	Pharmazeutisch-chemisches Institut U	1	—	3	—
München	Chemisches Laboratorium des Staates U	15	—	10	—
München	Laboratorinm für angewandte Chemie U	—	—	10	—
München	Anorg.-chemisches Laboratorium T	—	—	—	6
München	Organisch-chemisches und chemisch-technisches Laboratorium T	—	14	—	4
Münster	Chemisches Institut U	4	—	1	—
Rostock	Chemisches Institut U	5	—	10	—
Straßburg	Chemisches Institut U	6	—	1	—
Stuttgart	Laboratorium für allgemeine Chemie T	—	8	—	2
Stuttgart	Chemisch-technologisches Laboratorium T	—	3	—	2
Tübingen	Universitäts-Laboratorium U	3	—	2	—
Würzburg	Chemisches Institut U	5	—	6	—
Würzburg	Technologisches Institut U	3	—	—	—
	insgesamt	166	93	181	93

Es sind ausgestellt worden:

bis Sommersemester 1904 . . . . 3252 Verbandszeugnisse,[1])
im Sommersemester 1904 . . . . 254 Verbandszeugnisse, hiervon 165 an 20 Universitäten, 89 an 9 Technischen Hochschulen,
im Wintersemester 1904/05 . . . . 294 Verbandszeugnisse, hiervon 209 an 21 Universitäten, 85 an 9 Technischen Hochschulen,
im Sommersemester 1905 . . . . 259 Verbandszeugnisse, hiervon 166 an 20 Universitäten, 93 an 8 Technischen Hochschulen,
im Wintersemester 1905/06 . . . . 274 Verbandszeugnisse, hiervon 181 an 21 Universitäten, 93 an 9 Technischen Hochschulen.

bisher insgesamt ausgestellt 4333 Verbandszeugnisse.

*) U bedeutet Universität, T Technische Hochschule. [1]) Inkl. 5 Zeugnisse, die aus früheren Semestern in diesem Bericht (s. S. 25 Karlsruhe) aufgeführt sind; diese Zahl ist ferner berichtigt um 2 Zeugnisse, die in früheren Berichten doppelt angeführt sind (s. Berichtigungen, S. 2 unter b) und um 1 Zeugnis (S. 2 unter d), welches nachzutragen ist.

G.

Liste der Doktordissertationen

des

Verbandes der Laboratoriumsvorstände an deutschen Hochschulen

für Sommer-Semester 1905 und Winter-Semester 1905/6.

An Stelle der Zeugnisnummer befindet sich der Vermerk: fehlt, wenn der Kandidat die Verbandsprüfung nicht abgelegt hat. In den meisten Fällen hat der Kanditat aber eine gleich- oder höherwertige Fachprüfung absolviert (z. B. die Diplomprütung). Dies ist dann unter der Rubrik Vorbildung (z. B. durch D.) angegeben. Wenn der Kandidat die Verbandsprüfung abgelegt hat und wenn nur die Nummer des Zeugnisses fehlt, ist dies durch Punkte angedeutet. Ein Strich befindet sich dort, wo die entsprechende Auskunft nicht zu erlangen war und wo es daher nicht feststeht, ob der Kandidat die Verbandsprüfung nicht abgelegt hat oder ob nur die Nummer des Zeugnisses nicht bekannt ist.

Technische Hochschule Aachen.

Laufende No.	Name des Promovierten	No. des Verbands-zeugnisses	Vorbildung	Titel der Dissertation	Bezeichnung des Laboratoriums	Name des Dozenten, welcher die Arbeit geleitet hat	Ort der Promotion ev. Fehlanzeige
1	**Eduard Salm** aus Maastricht	2528	O.-R.-Ab.	Über Indicatoren.	Anorg. Lab. Aachen	Geh. Reg.-Rat. Prof. Dr. Classen	Aachen

Universität Berlin.

Laufende No.	Name des Promovierten	No. des Verbands-zeugnisses	Vorbildung	Titel der Dissertation	Bezeichnung des Laboratoriums	Name des Dozenten, welcher die Arbeit geleitet hat	Ort der Promotion ev. Fehlanzeige
1	**Reinhold Gaedicke**	1935	R.-G.	Über die anormale Löslichkeitsbeeinflussung der schwach dissoziierten Benzoesäure durch Nichtelektrolyte, speziell durch eine Reihe homologer gesättigter einwertiger Alkohole.	Physik.-chem. Inst. der Univ.	Jahn	Berlin
1	**Hans Einbeck**	3135	G.	Über das 1^2-Aminoaethyl-2-Oxy- und 2-Methoxybenzol. Synthese des Benzyldimethoxyisochinolinjodmethylats.	I. Chem. Univ.-Lab.	R. Pschorr	Berlin
2	**Richard Thonet**	3807	O.-R.-Sch	Beitrag zur Kenntnis der Aurinfarbstoffe.	I. Chem. Univ.-Lab.	F. Sachs	Berlin

3	**Felix Bunzl**	3817	G. Ab.	Über Versuche zur Synthese von Fluorenabkömmlingen.	I. Chem. Univ.-Lab.	O. Diels	Berlin
4	**Karl Raske**	4151	Dr. med.	Die Überführung der β-Vinylacrylsäure in Aminosäuren. Über einige Polypeptide, Derivate der α-Aminobuttersäure.		E Fischer	
5	**Ludwig Sachs**	4152	G.	Über magnesiumorganische Verbindungen.		F. Sachs	
6	**Bruno Denk**	3819	G. Ab.	Über das Zirkoniumjodid sowie über die Zirkonhalogenammoniakverbindungen.		A. Stähler	
7	**Wilhelm F. Koelker**	3209	G.	Über Leucylisoserin.		E. Fischer	
8	**Otto Gerngross**	3818	O.-R.-Sch. Ab.	Das 5-Methylpyrimidin und eine neue Synthese des Thymins.		S. Gabriel	
9	**Georg Plaut**	4122	G. Ab.	Zur Kenntnis der Isonitrosoketone.		O. Diels	
10	**Rud. van der Leeden**	4144	G. Ab.	Über die Umwandlung von Isonitrosoketonen in Ox-diazine.		O. Diels	
11	**Albert Lieck**	3826	R.-G. Ab.	Über einige Derivate des Phtalazins.		S. Gabriel	
12	**Siegfried Hilpert**	3827	G. Ab.	Chemische Lichtwirkungen. Über Reaktionen des 4-Amido-2-nitrosostilbens.		F. Sachs	
13	**August Pfaff**	4150	G. Ab.	Über Thebainon, ein aus Thebain durch Reduktion entstandenes Keton.		R. Pschorr	
14	**Max Schulz**	3803	O.-R.-Sch.	Über einige neue α-Cyanbenzyl- und -methylaniline und aus solchen dargestellte α-Carbonamide und μ-Cyanazomethine.		F. Sachs	
15	**Carl Bunte**	—	—	I. Zur Geschichte der Konstitution der Harnsäure. II. Synthese aromatisch substituierter Harnsäure und Harnsäurederivate.		E. Fischer	
16	**Waldemar Findeklee**	4160	G. Ab.	Isochinolinderivate aus 1-3-4-Methylphtalsäure.		S. Gabriel	
17	**Hans von Schönthan**	4141	R.-G. Ab.	Darstellungen und Eigenschaften von Salzen der Nitrilodithiophosphorsäure.		A. Stock	
18	**Johannes Sielisch**	4143	R.-G. Ab.	Über die Kondensation von Methylaethylketon mit Oxalester.		O. Diels	

Universität Berlin. Fortsetzung.

Laufende No.	Name des Promovierten	No. des Verbands-zeugnisses	Vorbildung	Titel der Dissertation	Bezeichnung des Laboratoriums	Name des Dozenten, welcher die Arbeit geleitet hat	Ort der Promotion ev. Fehlanzeige
19	**Friedrich Supf**	4159	R.-G.	Synthesen des α-Benzylisochinolins und Versuche, dieses in ein Phenanthrenderivat überzuführen.	I. Chem. Univ.-Lab.	R. Pschorr	Berlin
20	**Werner Siebert**	4165	G. Ab.	Zur Kenntnis der Modifikationen des Arsens und Antimons.	I. Chem. Univ.-Lab.	A. Stock	Berlin
21	**Heinrich Roth**	2796	G.	Über Chlormethylmorphimethin. Umwandlung des α-Methylmorphimethin in β-Methylmorphimethin.	I. Chem. Univ.-Lab.	R. Pschorr	Berlin
22	**Robert Hoffmann**	2781	G. Ab.	I. Untersuchung über Aethylthiomethylmorphimethin. II. Synthese des 8 Methylphenanthrens. III. Einwirkung von Benzylchlorid auf N-Methylchinolon.	I. Chem. Univ.-Lab.	R. Pschorr	Berlin
23	**Franz Michaelis**	—	—	Über den Dimethyl- sowie den Diaethylaminobenzaldehyd und ihr Verhalten gegen magnesiumorganische Substanzen.	I. Chem. Univ.-Lab.	F. Sachs	Berlin
24	**Heinrich Wirthwein**	3787	G. Ab.	Beiträge zur Kenntnis des Titans und Vanadins.	I. Chem. Univ.-Lab.	R. Stähler	Berlin
25	**Otto Warburg**	3580	G. Ab	I. Über Derivate des Glycocolls, Alanins und Leucins. II. Über die l-Brompropionsäure und das l-Alanylglycin.	I. Chem. Univ.-Lab.	E. Fischer	Berlin
1	**Hermann Weber**	3567	G. abs.	Einfluß von Substituenten auf die Beständigkeit des Pyrrolidonringes.	Technolog. Institut der Universität	Kühling	Berlin
2	**Botho Mulert**	2866	G. Ab.	Über den Einfluß der Substituenten auf Bildung und Zersetzung von Derivaten alkylierter Cinchoninsäuren.	Technolog. Institut der Universität	Kühling	Berlin

3	**Oscar Kaselitz**	4121	O.-R.-Sch. Ab.	Über Kondensationsprodukte substituierter Ortho-Diamine mit Alloxan und dessen Derivaten.	Technolog Institut der Universität	Kühling	Berlin

Landwirtschaftliche Hochschule Berlin.

1	**Egbert Patzig**	4175	G. abs.	Reduktions- und Additionserscheinungen aromatischer Nitrokörper.	Landw. Hochsch.	Meisenheimer	Berlin
2	**Richard von der Heide**	958	O.-R.-Sch. abs.	Spiegelbildisomerie bei Carbonsäuren des Cyclopropans.		Buchner	

Technische Hochschule Berlin-Charlottenburg.

1	**Oscar Makowka**	5201	R.-G.	Über Metallbestimmungen und Metalltrennungen mit Acetylen.	Anorgan. Labor.	Erdmann	Halle
1	**Paul Herz**	3219	R.-G. Ab.	Über Bidioxymethylenindigo, seinen Aufbau und Abbau.	Organ. Labor.	C. Liebermann	Techn. Hochschule Berlin
2	**Hermann Rémi**	2255	G. Ab.	Über Chinasäure		R. Wolffenstein	Univ. Berlin
3	**Fritz Kropf**	375[illegible]	O.-R.-Sch.	Über Kondensationen des Cotarnins.		C. Liebermann	Techn. Hochschul- Berlin
4	**Paul Kattwinkel**	. . .	—	Über die Einwirkung von Ammoniumpersulfat und anderer Oxydationsmittel auf Tolunitrile.		R. Wolffenstein	Univ. Berlin
5	**Gustav Jebsen**	2258	G. Ab.	Zur Kenntnis der Phenoxymucobrom- und -chlorsäure als aromatische Verbindungen		H. Simonis	Univ. Zürich
6	**Wilhelm Ahlers**	2254	R.-G. Ab.	Über Acetylhydrokotarninessigsäure.		C. Liebermann	Univ. Berlin
7	**Friedrich v. Wyttenbach**	1101	Akad. Neuchatel abs	Über die Kondensation einiger γ Aldehydosäuren mit α und β Naphtylamin.		H. Simonis	Univ. Bern
8	**Emil Jüngermann**	961	R.-G. Ab.	Über Derivate des Isoamylanthrons.		C. Liebermann	Univ. Berlin
9	**Max Luft**	2256	G. Ab.	Über cyklische Basenderivate des 4 Aminoantipyrins.		C. Liebermann	Techn. Hochschule Berlin
1	**Paul Sponagel**	fehlt	Dipl. Polyt Zürich	Phenylierung von Phenolen.	Techn.-chem. Inst.	Dr. Ullmann	Univ. Zürich
2	**Léon Panchaud**	fehlt	Dipl. Univ. Genf	Synthèse de l'Euxanthone.			Univ. Genf
1	**Adolf Junius**	3526	R.-G.	Beiträge zur Kenntnis der Molybdate.	Elektrochem. Labor.	von Knorre	Univ. Berlin

Universität Bonn.

Laufende No.	Name des Promovierten	No. des Verbandszeugnisses	Vorbildung	Titel der Dissertation	Bezeichnung des Laboratoriums	Name des Dozenten welcher die Arbeit geleitet hat	Ort der Promotion ev. Fehlanzeige
1	**Rudolf Böcker**	2832	R.-G. Ab.	Über Acetylmandelsäure u. d Acetylmandelsäurechlorid und über γ-Phenyltetronsäure.	Chemisches Inst.	Anschütz	Bonn
2	**Friedrich Korten**	1848	R.-G. Ab.	Beiträge zur Kenntnis der Iridiumverbindungen.	Chemisches Inst.	Rimbach	Bonn
3	**Matthias Joïst**	3674	G. Ab.	Die pyrogene Zersetzung des Aethylens, Bromoforms, Aethylenchlorides und der Trichloressigsäure mittels des elektrischen Stromes.	Chemisches Inst.	Walter Loeb	Bonn
4	**Rudolf Schwamborn**	3665	G. Ab.	Über die Synthese von Derivaten der Tricarballyl- und Akonitsäure mittels Acetondicarbonsäureestern.	Chemisches Inst.	Georg Schroeter	Bonn
5	**Alfons Deschauer**	2850	G. Ab.	Über Umwandlungsreaktionen des Dicarboxyaconitsäuremethylesters.	Chemisches Inst.	Anschütz	Bonn
6	**Leo Stein**	3871	G. Ab.	Über die Drehungsänderungen aktiver Oxysäuren durch Zirkon- und Zinnverbindungen.	Chemisches Inst.	Rimbach	Bonn

Technische Hochschule Braunschweig.

1	**Karl Tögel**	2116	R.-G. Ab.	Zur Kenntnis der Grignardschen Reaktion.	Lab. f. analyt. u. techn. Chemie	R. Meyer	Braunschweig
2	**Karl Witte**	2115	R.-G. Ab.	Über Kondensationsprodukte des Hydrochinons.	Lab. f. analyt. u. techn. Chemie	R. Meyer	Braunschweig

Universität Breslau.

1	Fritz Sturm	1370	G. (IIa)	Reaktionen einiger Aldehyde mit o-p-a-Nitrochinaldin.	Chemisches Inst.	Ladenburg	Breslau
2	Richard Mertsching	3199	O.-R.-Sch. Ab.	Über die Einwirkung von o-Methoxy-Benzaldehyd auf Chinolinbasen und α-Methyl-Indol.			
3	Rudolf Neumann	3183	R.-G .Ab.	I. Über racemische und partiell-racemische Verbindungen in Lösungen. II. Über das Verhalten von o-und-p-Nitrochinaldin gegen einige Aldehyde.			
4	Herbert Fischer	3917	R.-G. Ab.	Zur Kenntnis des Verteilungssatzes.		Herz	
5	Georg Gasda	3161	G. Ab.	Über Kondensationen von p-Methylchinaldin mit ringförmigen organischen Aldehyden und Reduktion der entstandenen Basen.		Ladenburg	
6	Moritz Kirschner	3920	O -R.-Sch. Ab.	Derivate des α-Picolyl- und α-Picolylmethylalkins.		Ladenburg	
7	Robert Riedel	3167	G. Ab.	Beiträge zu Kenntnis der Löslichkeitsbeeinflussungen.		Abegg	
8	Georg Klose	3155	R.-G. Ab.	Einwirkung von Tetrachlorphtalsäureanhydrid auf einige stickstoffhaltige Basen.		Ladenburg	
9	Max Knoch	3916	R.-G. Ab.	Über Löslichkeiten in Lösungsmittelgemengen.		Herz	
10	Leo Fischl	3921	G.-Ab.	Über partielle Racemie.		Ladenburg	
11	Paul Engler	3197	R.-G. Ab.	Einige Molekulargewichtsbestimmungen in festen Lösungen.		Meyer	
12	Hans Pick	3929	G. Ab.	Beiträge zur Charakteristik des Nitritions		Abegg	
13	Hans Eggeling	3196	R.-G. Ab·	Zur Kenntnis der Thiosulfatdoppelsalze.		Meyer	
1	Hermann Freund	3165	G. Ab.	Über Isopropyl- γ-Stilbazol, m- Methyl- γ-Stilbazol-, m- Methyl α- Stilbazol.	Landw. technol. Institut	Ahrens	
2	Sollmann	1380	G. (IIa)	Über Piperylhydrazine.			Rostock
3	Gorkow	1372	G Einj.	Neue Steinkohlenteerbasen.			Zürich
4	Erich Düring	3914	R.-G. Ab	Über p Methyl-γ-Stibazol, ω Trichloroxy-γ-propylpyridin und γ-Pyrophtalone.			Breslau
5	Konrad Friedlaender	4272	R.-G. (IIa)	Über γ-Stilbazol und m- Nitro-γ-Stilbazol; Einwirkung von ms. Methylacridin auf Benzaldehyd und m- Nitrobenzaldehyd.			Breslau

Technische Hochschule Darmstadt.

Laufende No.	Name des Promovierten	No. des Verbandszeugnisses	Vorbildung	Titel der Dissertation	Bezeichnung des Laboratoriums	Name des Dozenten, welcher die Arbeit geleitet hat	Ort der Promotion ev. Fehlanzeige
1	**Paul Burger**	2735	R.-G. Ab.	Versuche über Elektrolyse mit Wechselströmen.	Chem.-techn. u. elektrochem. Inst.	Dieffenbach	Darmstadt
2	**Karl Weber**	fehlt	R.-G. Ab. D.	Versuche zur elektrolytischen Darstellung von Magnesium.			
3	**Ernst Krause**	fehlt	O.-R.-Sch. Ab. D.	Versuche zur Oxydation von hydratischem Mangandioxyd in alkalischer Suspension.			

Technische Hochschule Dresden.

Laufende No.	Name des Promovierten	No. des Verbandszeugnisses	Vorbildung	Titel der Dissertation	Bezeichnung des Laboratoriums	Name des Dozenten, welcher die Arbeit geleitet hat	Ort der Promotion ev. Fehlanzeige
1	**Armin Schulze**	1490	R.-G. Ab	Über Abkömmlinge des Ortho-Oxychinolins.	Organ.-chem. Lab.	R. v. Walther	Dresden
2	**Franz Pohl**	386	O R.-Sch. Ab.	Über Abkömmlinge des Dicyandiamids und die Frage seiner Konstitution.	Organ.-chem. Lab.	E. v. Meyer	
3	**Erich Hofstädter**	3482	R.-G. Ab	Über das Eindringen von Bakterien in feinste Kapillaren.	Hygien. Inst.	K. Wolf	
4	**Heinrich Greifenhagen**	1492	R.-G. Ab.	Zur Kenntnis der Sulfocarbanilide.	Organ.-chem. Lab.	R. v. Walther	
5	**Paul Fischer**	3487	G. Ab.	Triphenylchlormethan in seinen chemischen Wirkungen als Säurechlorid.	Organ.-chem. Lab.	E. v. Meyer	
6	**Arthur Lehmann**	fehlt	Dipl. Ex.	Einwirkung von 2, 4 Dinitrochlorbenzol und Pikrylchlorid auf Amidokörper.	Organ.-chem. Lab.	R. v. Walther	
7	**Arno Seidel**	1491	R.-G. Ab.	Zur Kenntnis von Mono- und Diäthyl-m-amidophenol und ihren Abkömmlingen.	Organ.-chem. Lab.	E. v. Meyer	
8	**Fritz Kaiser**	3483	G. Ab.	Kritische Experimental-Untersuchung über die verschiedenen Aufschlußmethoden der Silikate.	Anorg.-chem. Lab.	W. Hempel	
9	**Wilhelm Scheffler**	fehlt	Dipl. Ex.	Zur Kenntnis der Westerwaldtone und zur Praxis der Steinzeugindustrie.	Lab. d. Keram. Fachschule zu Höhr	W. Hempel	
10	**Paul Pfnister**	4442	R.-G Ab.	Über Chinazoline aus Thioharnstoffen.	Organ.-chem. Lab.	R. v. Walther	

11	**André Grolée**	4445	Franz. Dipl.	Über Nitrile arylierter Glycine.	Lab. f. Farbenchemie	H. Bucherer	Dresden
12	**Hans Litter**	3489	Gew.-Ak. abs.	Zur Frage der Konstitution des Murexids und der Purpursäure.	Lab f. Farbenchemie	R. Möhlau	Dresden
13	**Hugo Sahland**	3201	G. Ab.	Zur Kenntnis des Carbonylaminophenols und Carbonylaminonaphtols, sowie einiger Abkömmlinge.	Organ.-chem. Lab.	E. v. Meyer	Dresden
14	**Fritz Lohse**	3499	R.-G Ab.	Die Bromcyanpyridinreaktion und ihre Anwendung auf einige Arylaminsulfon- und -carbonsäuren.	Organ.-chem. Lab.	W. König	Dresden
15	**Richard Adam**	4444	Gew -Ak. abs.	Über den Einfluß der Kohlenstoffdoppelbindung auf die Farbe von Azomethinverbindungen.	Lab. f. Farbenchemie	R. Möhlau	Dresden
16	**Martin Kleinstück**	4453	G. Ab.	Über Kondensationsprodukte aus Aldehyden und Dinitrilen.	Organ.-chem. Lab.	E. v. Meyer	Erlangen
17	**Fritz Spitzer**	fehlt	—	Das elektromotorische Verhalten von Kupfer und Zink gegenüber ihren cyankalischen Lösungen und Beiträge zur Elektrolyse von Kupfer und Zink.	Elek -chem. Lab.	E. Müller	Prag (Deutsche U.)
18	**Max Soller**	fehlt	—	Die Rolle des Bleisuperoxyds als Anode, besonders bei der elektrolytischen Regeneration der Chromsäure.	Elek.-chem. Lab.	Fr. Förster	Zürich

Universität Erlangen.

1	**Alfred Freymuth**	3616	Ap. I	Über die Einwirkung von Schwefelkohlenstoff und Ätzkali auf Ketone.	Pharm.-chem. Inst.	H. Apitzsch	Erlangen
1	**Wilhelm Ludewig**	3345	R.-G. Ab.	I. Über Kieselsäuregel. II. Über Titrationen von Alkalisilikaten. III. Über Erdalkalisilikate	Chem. Lab. d. Univ. Erlangen	Dr. Jordis	Erlangen
2	**Heinrich Straus**	3054	G. Ab.	Über die Oxydation des symmetr. und asymetrischen **α, β** Naphtazins.	Chem. Lab. d. Univ. Erlangen	Dr. O. Fischer	Erlangen
3	**Fritz Ranzohoff**	3509	G. Ab.	Zur Kenntnis des Rutheniums.	Chem. Lab. d. Univ. Erlangen	Dr. A. Gutbier	Erlangen

Universität Erlangen. Fortsetzung.

Laufende No.	Name des Promovierten	No. des Verband - zeugnisse	Vorbildung	Titel der Dissertation	Bezeichnung des Laboratoriums	Name des Dozenten welcher die Arbeit geleitet hat	Ort der Promotion ev. Fehlanzeige
4	**Rudolf Bünz**	3333	Ap. I	Experimental - Untersuchungen über die Peroxyde des Wismuths.		Dr. A. Gutbier	
5	**Gustav Opfermann**	3349	G. Ab.	Untersuchungen in der Benzoxazol- und in der Toluoxazolreihe.	Chem Lab. d. Univ. Erlangen	Dr. Henrich	
6	**Arthur Rinck**	4232	Ap. I	Einwirkung der Organomagnesiumverbindungen auf Alkylidenbasen.		Dr. Busch	
7	**Hans Sielaff**	fehlt	—	Über die Alkylierung der Isonitraminfettsäuren.	Chem Lab. d. Univ. Berlin	Dr. Wilh. Traube (Berlin)	
8	**Leonhard Arnold**	3340	R.-G. (Ib)	Beiträge zur Kenntnis des Erbiums.	Chem. Lab. d. Univ. Erlangen	Dr. Gutbier	Erlangen
9	**Hans Hermann Reitz**	2902	O.-R.-Sch. Ab.	Über das Verhalten von Mono- und Polyhalogenorganomagnesiumverbindungen zu den Alkaloidderivaten Cotarnin und Hydrastinin.	Chem. Lab. d. »Physikal. Vereins« zu Frankfurt a. M.	Dr. M. Freund	
10	**Martin Kleinstück**	4453	G. Ab.	Über Kondensationsprodukte aus Aldehyden und Dinitrilen.	Chem. Lab. d. Techn. Hochsch. Dresden	Dr. E. von Meyer	

Universität Freiburg i. B.

1	**Gustav Wiehern**	3590	G. Ab.	Über Chinolinazine		Meigen	
2	**Karl Müller**	3588	G. Ab.	Beiträge zur Chemie niederer Pflanzen.		Meigen	
3	**Ernst Schrader**	2296	R.-G. Ab.	Über Kondensationen mit aromatischen Aldehyden.	Unis.-Lab. (philos. Abt.)	Gattermann	Freiburg i. B.
4	**Walter Nägeli**	4211	R.-G. Ab.	Über Derivate des p-Jodacetanilids mit mehrwertigem Jod und die Darstellung einer Amidojodiniumverbindung		Willgerodt	

5	**Teohdor Scholtz**	3206	G. Ab.	Über die Einwirkung von Schwefelammonium auf fettaromatische Ketone.	Univ. Lab. (philos. Abt.)	Willgerodt	Freiburg i. B.
6	**Paul Pott**	3586	G. Ab.	Studien über die Dissoziation von Calcium-, Strontium- und Bariumcarbonat.		Riesenfeld	
7	**Ludwig Aars**	4213	G. Ab.	Über die analytische Bestimmung von Beryllium und den sogenannten seltenen Erden, nebst Analysen von Phenakit, Monazit, Euxenit, Hellandit und Uwarowit.		Meigen	
8	**Hans Bogel**	2299	G. Ab.	Zur Kenntnis der Derivate aromatischer Ketone und Aldehyde mit mehrwertigem Jod.		Willgerodt	
9	**Gottlieb Dämisch**	3581	O.-R.Sch. Ab.	Zur Kenntnis des o-Tolylaldehyds.		Gattermann	
10	**Max Stiller**	—	G. Ab.	Zur Kenntnis der Grignardschen Reaktion.		Gattermann	
11	**Paul Schorigin**	fehlt	R.-G. Ab. D.	I. Die Lichterscheinungen während der Kristallisation und die temporäre Triboluminiscenz. II. Chemiluminiscenz		Trautz	
12	**Alexis Ucke**	2088	G Ab.	Derivate des p-Jodbenzaldehyds.		Willgerodt	
13	**Erhard Witte**	3584	G. Ab.	Beiträge zur Kenntnis der Azochinoline.		Meigen	
14	**Hans Werner**	2290	R.-G. Ab.	Kritische Studien und Experimentaluntersuchungen über die elektrolytische Dissoziation in verschiedenen Lösungsmitteln.		Riesenfeld	
15	**Herbert Hartmann**	3576	O.-R.-Sch. Ab.	Über jodometrische Oxydationsagentien.		Rupp	
16	**Franz Wolfson**	4217	G Ab.	Beiträge zur Kenntnis der aromatischen Aldehyde.		Gattermann	
17	**Gordon Monier-Williams**	4219	B A.	Über die Anwendung der Grignardschen Reaktion zur Synthese von Aldehyden.		Gattermann	
18	**Otto Köpke**	4149	G. Ab.	Über Alkyl-Chinolyl-Ketone und ihre Derivate.		Howitz	
19	**Arnold Anschütz**	4153	O.-R.-Sch. Ab.	Versuche über den Einfluß des Lichtes auf das Kristallisieren übersättigter Lösungen.		Trautz	
20	**Hans Wohlers**	3589	G. Ab.	Beiträge zur Kenntnis der Überchromsäure.		Riesenfeld	

Universität Freiburg i. B. Fortsetzung.

Laufende No.	Name des Promovierten	No. des Verbandszeugnisses	Vorbildung	Titel der Dissertation	Bezeichnung des Laboratoriums	Name des Dozenten welcher die Arbeit geleitet hat	Ort der Promotion ev. Fehlanzeige
21	**F. iedrich Langmuir**	4710	B. sc.	Über die quantitative Bestimmung des Chroms auf gewichtsanalytischem und kolorimetrischem Wege.	Univ.-Lab. (philos. Abt.)	Meigen	Freiburg i. B.
22	**Kurt Schneider**	3579	R.-G. IIa	Überführung der Persulfocyansäure in Dithiobiurete und Triazole.		Fromm	
23	**Hans Philipp**	4253	R.-G. Ab.	Über Bromderivate des p-Toluchinolins und über p Chinolinaldehyd.		Howitz	
24	**Georg Reif**	4?22	R.-G. Ab.	Beiträge zur Kenntnis der ana-Oxychino'one		Howitz	
25	**Karl Schnelle**	1450	G. Ab.	Zur Kenntnis aromatischer Aldehyde und Ketone.		Gattermann	
1	**Gustav Stein**	3639	G. Ab.	Über Cholesterin.	Univ. Lab. (mediz. Abt.)	Windaus	
2	**Fritz Herold**	3615	G. Ab.	Über Dioxypropenyltricarbonsäure und $\alpha\,\gamma$ Dioxyglutarsäure.		Kiliani	

Universität Giessen.

Laufende No.	Name des Promovierten	No. des Verbandszeugnisses	Vorbildung	Titel der Dissertation	Bezeichnung des Laboratoriums	Name des Dozenten welcher die Arbeit geleitet hat	Ort der Promotion ev. Fehlanzeige
1	**Egon Böhm** aus Wien	1947	O.-R.-Sch. Ab.	Zur Kenntnis der Fluoride.	Lab. d. Staates, München	Prof. Dr. K. A. Hofmann	Gießen
2	**Eduard Lantelme**	2916	R.-G. Ab.	Beitrag zur Hydrolyse des Natriumphenolats beim Siedepunkt seiner wässrigen Lösungen.	Chem. Univ.-Lab., Gießen	Alex. Naumann	
3	**Adolf Birnbaum**	433	R.-G. Ab.	Beitrag zur Hydrolyse des Natriumphenolats beim Siedepunkt seiner wässrigen Lösungen.			
4	**Adolf Rücker**	2908	R.-G. Ab.	Über Hydrolyse von Ammoniumsalzen in siedender wässriger Lösung.			

5	**Max Hamers**	2907	R.-G. Ab.	Verhalten der Halogenverbindungen des Quecksilbers in reinem und in bei 18° mit Wasser gesättigtem Methylacetat	Chem. Univ.-Lab. Gießen	Alex. Naumann	Gießen
1	**Bruno Lacroix von Langenheim**	2763	R.-G. Ab.	Die chemischen Vorgänge im Eisen-Nickel-Akkumulator.	Phys.-chem. Univ.-Lab., Gießen	Elbs	Gießen
2	**Lawrence Bradshaw**	2760	B. S., M. S.	Über die Komplexität einiger Salze der Mohrschen Salzreihe $R^{I}_2SO_4 \cdot R^{II}SO_4 \cdot 6H_2O$.	Phys.-chem. Univ.-Lab., Gießen	Elbs	Gießen
3	**Adolf Stadel**	1178	G. Ab.	Versuche über addierende und oxydierende Wirkung von Hypochlorit auf aromatische Verbindungen.	Phys.-chem. Univ.-Lab., Gießen	Elbs	Gießen
4	**Friedrich Mette**	2756	R.-G. Ab.	Über einige Abkömmlinge des Laktyl-p-Phenetidids (Laktophenins).	Phys.-chem. Univ.-Lab., Gießen	Elbs	Gießen

Universität Göttingen.

1	**Leopold Hesse**	3896	G. Ab.	Hydroaromatische β-Ketocarbonester.		Kötz	
2	**Arthur Bieber**	2799	O.-R.-Sch. Ab.	Einwirkung von Oxalester auf zyklische Ketone.	Allgem. chem. Lab. Göttingen	Kötz	Göttingen
3	**Ernst Schmitz**	3670	G. Ab.	Neue Abwandlungsprodukte aus β-Terpineol	Allgem. chem. Lab. Göttingen	Wallach	Göttingen
4	**Arnold Heyde**	3893	G. Ab.	Über Picramin und α-Naphtylpurpurat.	Allgem. chem. Lab. Göttingen	Borsche	Göttingen
5	**Kurt Utescher**	3099	R.-G. Ab.	Beiträge zur Kenntnis des Färbevorgangs.	Allgem. chem. Lab. Göttingen	W. Biltz	Göttingen
6	**Willy Gahl**	3255	R.-G. Ab.	Über Zersetzungserscheinungen bei Ammoniumnitrit, Kaliumpercarbonat, Natriumthiosulfat in wässriger Lösung.	Allgem. chem. Lab. Göttingen	W. Biltz	Göttingen
7	**Georg Gahrtz**	3315	R.-G. Ab.	Studien über die Chemie der aromatischen Purpursäuren.	Allgem. chem. Lab. Göttingen	Borsche	Göttingen
8	**Ernst Wilke-Dörfurt**	3098	R.-G. Ab.	Über Sulfide und Polysulfide des Rubidiums und Caesiums.	Allgem. chem. Lab. Göttingen	W. Biltz	Göttingen
9	**Johannes Altenburg**	3100	R.-G. Ab.	Über Gewinnung von Basen aus Aldehyden und Ketonen.	Allgem. chem. Lab. Göttingen	Wallach	Göttingen
10	**Ernst Kayser**	3093	G. Ab.	Über Derivate des p-Anisidins und des p-Diamidodiphenylmethans.	Allgem. chem. Lab. Göttingen	v. Braun	Göttingen

Universität Göttingen. Fortsetzung.

Laufende No.	Name des Promovierten	No. des Verbands-zeugnisses	Vorbildung	Titel der Dissertation	Bezeichnung des Laboratoriums	Name des Dozenten, welcher die Arbeit geleitet hat	Ort der Promotion ev. Fehlanzeige
11	**Albert Fels**	3892	R.-G. Ab.	Studien über die Bildung isozyklischer und heterozyklischer Fünfringe aus α-β-Diacylcarbonester.	Allgem. chem. Lab. Göttingen	Borsche	Göttingen
12	**Kurt Engelbrecht**	3901	R.-G. Ab.	Über Abwandlungsprodukte des Nitrosopinens.	Allgem. chem. Lab. Göttingen	Wallach	Göttingen
13	**Willi Zörnig**	3092	G. Ab.	Das Verhalten des Chloroforms zu Methylen- und Methenyl-Gruppen.	Allgem. chem. Lab. Göttingen	Kötz	Göttingen
1	**Friedr. Wagener**	1968	G. Ab.	Die Verbindungen der Ferri-Ferro- und Kobalticyanwasserstoffsäuren mit organischen Körpern.	Agrik.-chem. Lab. d. Univ. Göttingen	B. Tollens	Göttingen
2	**A. Ulander**	1589	R.-G.	Untersuchungen über die Kohlenhydrate der Flechten.	Agrik.-chem. Lab. d. Univ. Göttingen	B. Tollens	Göttingen
3	**Hermann Schäfer**	1998	G. Ab.	Über Basenbildung aus Acetophenon, Formaldehyd und Chlorammonium.	Agrik.-chem. Lab. d. Univ. Göttingen	B. Tollens	Göttingen

Universität Greifswald.

Laufende No.	Name des Promovierten	No. des Verbands-zeugnisses	Vorbildung	Titel der Dissertation	Bezeichnung des Laboratoriums	Name des Dozenten, welcher die Arbeit geleitet hat	Ort der Promotion ev. Fehlanzeige
1	**Henry Young**	3238	Priv.-Sch.	Beiträge zur Kenntnis der Konstitution des Tanacetons.	Chem. Institut	F W. Semmler	Greifswald
2	**Erich Rietz**	720	G. Ab.	Über Bildung und Spaltung von Diphenylmethan-Derivaten.	Chem. Institut	K. Auwers	Greifswald
3	**Heinz Oppermann**	2697	R.-G. Ab.	Beiträge zur Kenntnis der Einwirkung von Hydroxylamin auf ungesättigte Säuren.	Chem. Institut	Th. Posner	Greifswald
4	**Alfred Dombrowski**	2694	R.-G. Ab.	Über den Einfluß von Alkylen auf die Beständigkeit substituierter Oxybenzylpiperidine und Oxypseudocumylaniline.	Chem. Institut	K. Auwers	Greifswald

5	**Theodor Markovits**	2692	K. u. k. Kad.-Sch Ab.	Zur Kenntnis des as. m - und vic. m Xylenols, sowie des 3.5-3'.5'-Tetramethyldiphenochinons.	Chem. Institut	K. Auwers	Greifswald
6	**Fritz Jescheek**	2684	G. Ab.	Untersuchungen über Dioxydiphenylmethane.	Chem. Institut	K. Auwers	Greifswald

Universität Halle a. S.

1	**Ernst Strunek** aus Schaerbeck b. Brüssel	3676	R.-G. Ab.	Carbonyl und Doppelbindung.	Chem. Inst. d. Univ.	Vorländer	Halle a. S.
2	**Oscar A. W. Makowka** aus Bromberg	5201	R. G. Ab.	Über Metallbestimmungen und Metalltrennungen mit Acetylen.	Techn. Hochschule Berlin	Hugo Erdmann	Halle a. S.
3	**Fritz Sponnagel** aus Sitow, Rußland	3396	R.-G. Ab.	Addition von Natriummalonester an ungesättigte Verbindungen.	Chem. Inst. d. Univ.	Vorländer	Halle a. S.
4	**Otto Rolle** aus Alsleben, Saale	3395	O.-R.-Sch. Ab.	Einwirkung von Halogenwasserstoff auf ungesättigte Ketone.	Chem. Inst. d. Univ.	Vorländer	Halle a. S.
5	**K. Gustav Müller** aus Hermannsburg, Natal	3397	Bach. Arts.	Über die Abspaltung von Kohlensäure aus aromatischen Carbonsäuren.	Chem. Inst. d. Univ.	Vorländer	Halle a. S.
6	**Ernst John** aus St. Johann	3393	O.-R.-Sch. Ab.	Neuere Übergänge von der aliphatischen zur aromatischen Reihe.	Chem. Inst. d. Univ.	Doebner	Halle a. S.

Technische Hochschule Hannover.

1	**Hans Osten**	—	D.	Über Nitrierung bei Gegenwart von Phosphorsäureanhydrid und Beiträge zur Kenntnis des Trioxydihydromethyluracils.	Organ.-chem. Lab.	Behrend	Hannover
2	**Gustav Offe**	—	D.	Über die Oxydation von Derivaten des Methyluracils und des Uracils.	Organ.-chem. Lab.	Behrend	Hannover

Universität Heidelberg.

Laufende No.	Name des Promovierten	No. des Verbands-zeugnisses	Vorbildung	Titel der Dissertation	Bezeichnung des Laboratoriums	Name des Dozenten, welcher die Arbeit geleitet hat	Ort der Promotion ev. Fehlanzeige
1	**Karl Koeck**	3237	G. IIb Ap.	Über Tertiärbutylhydrazin und Di(tertiär)-butylhydrazin.	Univ.-Lab.	Prof. Stollé	
2	**Hermann Karlowa**	1096	G. abs.	Über Derivate der Bromundecylsäure $C_{11}H_{21}BrO_2$.	Privat-Lab.	Prof. Krafft	
3	**Karl Keller**	2618	R.-G. abs	Über hydrolytische Aufspaltung der Wollsubstanz.	Privat-Lab.	Prof. Krafft	
4	**Anton Weindel**	3235	G. abs.	Über Dihydrazidchloride.	Univ -Lab.	Prof. Stollé	
5	**Otto Dalmbert**	2607	G. abs.	Über die Isolierung von neunzehn höheren Normalparaffinen aus Braunkohlenparaffin durch Vacuumdestillation.	Privat-Lab.	Prof. Krafft	
6	**Wilhelm Deibel**	1883	O.-R.-Sch abs.	Zur Kenntnis der Hydrazinverbindungen.		Dr. Franzen	
7	**Heinrich Goekel**	1181	G. abs.	Über die Einwirkung von Hydrazinhydrat auf Monobrombernsteinsäureester.	Univ.-Lab.	Prof. Curtius	
8	**Oskar Samel**	3247	R.-G. abs.	Über ein Hydrat des Carvons.		Prof. Knövenagel	Heidelberg
9	**Adolf Bambach**	2844	G. abs.	Über Dihydrazidchloride.		Prof. Stollé	
10	**Ludwig Berg**	3401	O.-R -Sch. IIa	Über Synthesen der Isoölsäure $C_{15}.H_{31}CH = CHCO_2H$.	Privat-Lab.	Prof. Krafft	
11	**Felix Fraenckel**	1909	R.-G. abs.	Über die Existenzgebiete der Ferrosulfat-Hydrate.		Prof. Bredig	
12	**Wolfgang Lenhard**	1196	G. abs.	Über die Einwirkung einiger Säureazide auf Harnstoff, und von Phenylcarbamin-Säureazid auf Glykokoll.		Prof. Curtius	
13	**Karl Gieser**	3229	G. abs.	Über die Reduktion ungesättigter Carbinole.	Univ.-Lab.	Prof. Klages	
14	**R. Wilfred Balcom**	3912	B. S.	Die chemische Kinetik der Kohlendioxydabspaltung aus Camphocarbonsäure.		Prof. Bredig	
15	**Friedrich Epstein**	3126	G. abs.	Die Geschwindigkeit der chemischen Selbsterhitzung. (Adiabatische Reaktionskinetik.		Prof. Bredig	

16	**Ernst Friederich**	2715	R.-G. abs.	Beitrag zum Benzolproblem.		Prof. Mohr	
17	**Julius Lembert**	2090	R.-G. abs.	Über den Einfluß der Phenylgruppe auf die Reduktionsfähigkeit zyklischer Kohlenwasserstoffe.	Univ.-Lab.	Prof. Klages	
18	**Walther Möring**	1165	G. abs.	Über die Kondensation von Aldehyden mit p-Diketohexamethylen.		Prof. Stollé	
19	**Friedrich Zimmermann**	3258	R.-G. abs.	Über die Einwirkung von Amylnitrit etc. auf die Atomgruppierung. — CH = N —		Dr. Franzen	
20	**Karl Krauß**	—	G. abs.	Quantitative Bestimmung der Halogene in organischen Substanzen mit Persulfat in saurer Lösung.	Privat-Lab.	Prof. Dittrich	Heidelberg
21	**Kurt Hofmann**	3250	G. abs.	Über die Einwirkung von Kohlensäure auf Hydrazin.		Prof. Stollé	
22	**Charles T. Leber**	3233	G. abs.	Beiträge zur Pyrimidin-Synthese.	Univ.-Lab.	Prof. Knövenagel	
23	**Richard Groß**	3257	G. abs.	Zur Kenntnis der Chinazolinderivate.		Prof. Knövenagel	
24	**Richard Stangassinger**	3263	G. abs.	Über Einwirkung von Hydrazinhydrat auf trans-Hexahydroterephtalsäure.		Prof. Curtius	

Universität Jena.

1	**Paul Roth**	3068	R.-G. Ab.	Zur Kenntnis β- und γ-halogensubstituierter tertiärer Amine.		Knorr	
2	**David Spence**	2229	Koll. Glasgow	Über die Isomerieerscheinung bei den sogenannten Hagemannschen Estern.		Rabe	
3	**Richard Greulich**	2225	R.-G. Ab.	Beiträge zur Kenntnis der Diazoanhydride und Diazoverbindungen.		Wolff Duden	
4	**Georg Ponndorf**	3979	R.-G. Ab.	Über aci-Dinitroalkohole.	Univ.-Lab.		
5	**Wilhelm Schneider**	2230	R.-G. Ab.	Zur Kenntnis des Oxycodeins und des Codeinons.		Knorr	Jena
6	**Heinrich Zimmermann**	2238	O.-R.-Sch. Ab.	Über den Dimethylaminoäthylvinyläther und sein Verhalten gegen Halogene.		Knorr	
7	**Alfred Koehler**	2233	R.-G. Ab.	Zur Kenntnis des symmetrischen Dimethylhydrazins.		Knorr	
8	**Kurt Fox**	2224	G. Ab.	Beiträge zur Kenntnis der Färbevorgänge.	Techn.-chem. Lab.	Vongerichten	
9	**Fritz Müller**	fehlt	Ap. mit Note I	Zur Kenntnis der Spaltungsprodukte des Apiins, des Glycosides der Petersilie.		Vongerichten	

Technische Hochschule Karlsruhe.

Laufende No.	Name des Promovierten	No. des Verbands-zeugnisses	Vorbildung	Titel der Dissertation	Bezeichnung des Laboratoriums	Name des Dozenten, welcher die Arbeit geleitet hat	Ort der Promotion ev. Fehlanzeige
1	**Jacob Manns**	4120	G. Ab.	I. Zur Kenntnis der Kondensation aromatischer o-Amidoketone. II. Über Normalpropyl und Isopropylanthranil.	Chem. Lab.	Engler	Karlsruhe
2	**August Weis**	3681	O.-R.-Sch. Ab.	Untersuchungen in der Pyridinreihe.	Chem. Lab.	Engler	Karlsruhe
3	**Albert Loeb**	3699	Bayr. Ind.-Sch.	Elektrolytische Untersuchungen mit symmetrischem und unsymmetrischem Wechselstrom.	Elektrochem. Lab.	Le Blanc	Karlsruhe
4	**James König**	4503	O.-R -Sch. Ab.	Die Oxydation und die Oxyde des Palladiums.	Chem. Lab.	Wöhler	Karlsruhe
5	**August Weyl**	2786	R.-G. Ab.	Messung von Diffusionspotentialen konzentrierter Chloridlösungen.	Univ.-Lab. Breslau	Abegg	Karlsruhe
6	**Waldemar Pick**	fehlt	O.-R.-Sch. Ab. D.	Über Ferrosilicium.	Privatlab. u. Chem.-Techn. Lab.	Selbständig	Karlsruhe
7	**Fritz Eberle**	4117	O.-R.-Sch. Ab.	Über Abkömmlinge des β-Amido-Anthrachinons.	Chem. Lab.	Scholl	Karlsruhe
8	**Wilhelm Steinkopf**	4105	G. Ab.	I. Versuche zur Synthese des Nitroacetonitrils. II. Über Küpenprodukte des Indanthrens.	Chem. Lab.	Scholl	Karlsruhe

Universität Kiel.

Laufende No.	Name des Promovierten	No. des Verbands-zeugnisses	Vorbildung	Titel der Dissertation	Bezeichnung des Laboratoriums	Name des Dozenten, welcher die Arbeit geleitet hat	Ort der Promotion ev. Fehlanzeige
1	**Karl Stellbaum**	2190	G. bis IIa	Über die Einwirkung von Semicarbazid auf aromatische α-Diketone und Ketonalkohole.	Chem. Inst. Kiel	Prof. Biltz	Kiel
2	**Wilhelm Giese**	2182	R.-G. Ab.	Über Einwirkung von Chlor auf den p-Oxybenzaldehyd.	Chem. Inst. Kiel	Prof. Biltz	Kiel

3	Hans Türk	3243	G. Ab.	Zur Kenntnis der Djaldehyde und Ketoaldehyde. Neue Oxydationen mit Ozon.		Harries	
4	Manuel Johnson	3828	G. (Bacc.)	I. Synthese des α-d- und α-l-Phellandren. II. Zur Kenntnis des d- und l-Menthenon.	I. chem. Inst. Berlin u. Kiel	Harries	
5	Paul Reichard	2670	R.-G. Ab.	Über eine neue Darstellungsweise von Aminoaldehyden und Aminosäuren.		Harries	
6	Karl Muenk	3762	R.-G. Ab.	Kondensationen zwischen Oxalester und Methylaethylketon.	Chem. Inst. Kiel u. Berlin	Claisen	
7	Hermann Krützfeldt	3790	O.-R.-Sch. Ab.	Über einige Derivate des Succinaldehyds speziell sein Verhalten bei der Bromierung.	Chem. Inst. Kiel	Harries	Kiel
8	Paul Hoennicke	4007	R.-G. Ab.	Über Abkömmlinge des Propargylaldehyds.	Chem. Inst. Kiel u. Berlin	Claisen	
9	Valentin Weiß	4145	O.-R.-Sch. Ab.	Zur Konstitution aromatischer Verbindungen.	Chem. Inst. Berlin u. Kiel	Harries	
10	Richard Gärtner	3788	R.-G. Ab.	Beiträge zur Kenntnis der Ketone und Diketone.	Chem. Inst. Kiel u. Berlin	Claisen	

Universität Königsberg i. Pr.

1	Jos. Edmund von Wolosewiez	3427	O.-R.-Sch. Ab.	Die quantitative Bestimmung des Stickstoffs der Eiweißstoffe und deren Trennung von anderen stickstoffhaltigen Verbindungen der Nahrungsmittel.	Agric.-chem. Univ.-Lab.	Prof. Dr. Stutzer	Königsberg

Universität Leipzig.

1	Curt Striegler	3312	Gew. - Ak. abs.	Über optisch aktive semizyklische Diketone.	Chem. Lab.	Stobbe	Leipzig
2	Rudolf Schubert	1570	G. Ab.	Zur Darstellung neuer heterozyklischer und carbozyklischer Verbindungen aus Diamidodiphenylmethan.		Rassow	

Universität Leipzig. Fortsetzung.

Laufende No.	Name des Promovierten	No. des Verbands-zeugnisses	Vorbildung	Titel der Dissertation	Bezeichnung des Laboratoriums	Name des Dozenten welcher die Arbeit geleitet hat	Ort der Promotion ev. Fehlanzeige
3	**Martin Lobeck**	3313	G. IIb	Über die Einwirkung von Halogenen auf Dicarboxylglutarsäureester.		Guthzeit	
4	**Walter Glover**	1297	City a. Guilds of London Inst.	Über die Körperfarbe von Chinon- und Ketonderivaten sowie von Oxyazokörpern.		Hantzsch	
5	**Josef Sistig**	3322	R.-G. IIa	I. Über Farbstoffabsorptionen. II. Kryoskopie und Viscosität der Milch.		Rassow	
6	**Vargas Eyre**	2971	City a. Guilds of London Inst.	Zur Natur der farbigen Verbindungen aus Succinylobernsteinsäureester und ihrer Salze.		Hantzsch	
7	**Kentworthy F. Thompson**	3978	Cleobury Mortimer Sch.	I. Über die Isomerie der sogenannten Benzolazocyanessigester. II. Zur Zersetzungsgeschwindigkeit von Diazoniumhaloiden.	Chem. Lab.	Hantzsch	
8	**Herbert Gorke**	4622	Ap. I	I. Über Lösungen stark dissociierter Elektrolyte. II. Über die angeblichen Isomerien bei Phosphiten und Hypophosphiten. III. Über chinoïde Aci-Nitrophenolester.		Hantzsch	Leipzig
9	**Erich Benary**	419	—	Einwirkung von Licht und Wärme auf einige Fulgide und Dibenzalpropionsäure.		Stobbe	
10	**Georg Wiegner**	3983	R.-G. Ab.	Über Absorptionsgeschwindigkeiten und metastabile Zustände bei Reaktionen zwischen gasförmigen und festen Stoffen.		Hantzsch u. Ley	
11	**Ferdinand Gademann**	3734	G. Ab.	Über Isomerieverhältnisse bei ungesättigten Dicarbonsäuren und ihren Derivaten.		Stobbe	
1	**Johannes Plotnikow**	2950	G. Ab.	Reaktionsgeschwindigkeiten bei tiefen Temperaturen.	Ph.-ch. Inst.	Bodenstein	

2	Victor Sammet	4191	B. S.	Die Gleichgewichte $6H^{\cdot} + 5J' + JO_3' \rightleftarrows 3J_2 + 3H_2O$ und $6H^{\cdot} + 5Br' + BrO_3' \rightleftarrows 3Br_2 + 3H_2O$, chemisch und elektromotorisch bestimmt.		Luther	
3	Hermann Weisz	3733	G. Ab.	Solarisation in Bromsilberschichten.		Luther	
4	William Bray	2948	High-Sch. London, Canada	Beiträge zur Kenntnis der Halogensauerstoffverbindungen.		Luther	
5	Emanuel Goldberg	4204	G. Ab.	Beiträge zur Kinetik photochemischer Reaktionen.	Ph.-ch. Inst.	Luther	
6	Babinski	2926	R.-Sch.	Elemente mit Elektroden zweiter Art.		Luther	
7	Lind	4197	B. A.	Über die Bildung des Bromwasserstoffgases aus den Elementen.		Bodenstein	
8	Walter Neumann	2933	Robert-Coll. Konstantinopel	Über Peptone.		Siegfried Böttger	Leipzig
1	Carl Keßler	4281	Ap. I	Zur Isomerie von Pulegon-Derivaten.			
2	Peter Geib	3837	G. Ab.	Molekulargröße einiger anorganischer Körper.		E. Beckmann	
3	Armin Herrfurth	4282	R.-G. Ab.	Zur Kenntnis der Schwefelverbindungen im Leuchtgas.			
4	Kurt Ebbinghaus	3848	R.-G. Ab.	Über innere Reibung und Umwandlungspunkte.	Lab. f. angew. Chem.	K. Beck	
5	Franz Lucius	3838	G. Ab.	I. Über Farbstoffabsorptionen. II. Kryoskopie und Viscosität der Milch.		E. Beckmann	
6	Hans Schlegel	3975	R.-Sch. IIb	Über das metallische Calcium.			

Universität Marburg.

1	J. Kohlhaas	3297	O.-R.-Sch. Ab.	Untersuchungen über das 2 Oxybenzo 5 diphenyldihydrofuranol.			
2	E. Hübner	3295	G. Ab.	Untersuchungen über 1. 2. Methylnaphtol.	Chem. Inst.	K. Fries	Marburg
3	K. Kann	1094	R.-G. Ab.	Über 1. 3. 4 Xylenol- 5 carbinol.			

Universität Marburg. Fortsetzung.

Laufende No.	Name des Piomovierten	No. des Verband-zeugnisse	Vorbildung	Titel der Dissertation	Bezeichnung des Laboratoriums	Name des Dozenten welcher die Arbeit geleitet hat	Ort der Promotion ev. Fehlanzeige
4	**W. Klostermann**	4009	R.-G. Ab.	Beiträge zur Kenntnis der Cumarine.		K Fries	
5	**W. Engel**	3285	G. Ab.	Über Derivate der o Dibenzoylcarbonsäure.		A. Reißert	
6	**A. Moré**	1093	R.-G. Ab.	Über die geschwefelten Anilide der Malon- und Bernsteinsäure u. Umwandlungsprodukte.			
7	**B. Epstein**	184	—	Untersuchungen über Nitro- o -Toluylendiamin.			
8	**K. Henke**	3289	G. Ab.	Über die Einwirkung von Brom und von Salpetersäure auf as. Diphenylaethan.			
9	**G. Overhof**	3725	G. Ab.	Zur Kenntnis der Derivate der Cumalinsäure.			
10	**J. Goldemann**	3290	R.-G. Ab.	Über die Einwirkung von Brom auf Diphenolmethylaethylmethan.		Th. Zincke	
11	**A. Frankfurth**	329[illegible]	G. Ab.	Über die drei isomeren Benzylkresole.	Chem. Inst.		Marburg
12	**E. Schloemann**	3298	G. Ab.	Über p. methylierte Hydrobenzoïne und verwandte Körper.			
13	**H. Banthien**	3860	G. Ab.	Beiträge zur Kenntnis der Autoxydationsprozesse.			
14	**C. Bühner**	3861	O.-R.-Sch. Ab.	Beiträge zur Kenntnis der kristallinischen Flüssigkeiten.			
15	**Fr. Flade**	3380	R.-G. Ab.	Über die Beziehungen zwischen der molekularen Oberflächenenergie und einfachen chemischen Vorgängen in Flüssigkeiten unter besonderer Berücksichtigung der Tautomerie.		R. Schenck	
16	**Fr. Mihr**	3856	R.-G. Ab.	Untersuchungen über Autoxydationen.			

Universität München.

1	**Wolfgang von Schmädel**	1992	R.-G. Ab.	Abkömmlinge des Cyclobutans.	Chem. Lab. d. Staates	Willstätter	München
2	**Richard Stein**	1696	G. Ab.	Carbanilidbildung und Acetylierung von 1.3 Dicarbonylverbindungen.	Chem. Lab. d. Staates	Dieckmann	München
3	**Theodor Mauermayer**	3026	G. Ab.	Methylol-monochloracetamid, Methylol-trichloracetamid und Methylendiamin.	Chem. Lab. d. Staates	Einhorn	München
4	**Wilhelm Schlenk**	1709	R.-G. Ab.	Metall-isobutyr-Adine und ihre Salze, eine neue Reihe komplexer organischer Metallverbindungen.	Chem. Lab. d. Staates	Piloty	München
5	**Hans Veraguth**	2189	G. Ab.	Derivate des Cyclooctans.	Chem. Lab. d. Staates	Willstätter	München
6	**Gustav Haas**	3038	G. Ab.	Die Einwirkung von Phosgen auf die Salicylsäure und einige ihrer Abkömmlinge.	Chem. Lab. d. Staates	Einhorn	München
7	**Gustav Schupp**	3031	G. Ab.	N-Methylolsalicylamid und Benzoylierungs-Produkte des Salicylamids.	Chem. Lab. d. Staates	Einhorn	München
8	**Eduard Spröngerts**	3046	G. Ab.	Die N-Methylolverbindungen einiger Säureamide der aliphatischen Reihe und deren Kondensationsprodukte mit sekundären Basen.	Chem. Lab. d. Staates	Einhorn	München
9	**Ludwig Platz**	3036	G. Ab.	Über Chormalonaldehyd.	Chem. Lab. d. Staates	Dieckmann	München
10	**Adolf Pfannenstiel**	3057	G. Ab.	Über o-Chinone und o- und p-Chinonimine.	Chem. Lab. d. Staates	Willstätter	München
11	**Ludwig Kalb**	3045	G. Ab.	Über Diphenochinon und Derivate des Diphenochinondiimins.	Chem. Lab. d. Staates	Willstätter	München
12	**Valentin Wölfl**	1691	G. Ab.	Über das Radioblei der Pechblende und seine Begleiter.	Chem. Lab. d. Staates	Hofmann	München
13	**Heinrich Feigel**	3072	Ap. I	Das Verhalten von Schwermetallverbindungen gegen Polysulfide und Chlorschwefel.	Chem. Lab. d. Staates	Hofmann	München
14	**Karl Lüdecke**	3044	R.-G. Ab.	Zur Kenntnis der Glycerin-Phosphorsäure und des Lecithins.	Chem. Lab. d. Staates	Willstätter	München
15	**Wilhelm Ducca**	3055	O.-R.-Sch. Ab.	Über luminiscierende Stoffe und die Radioaktivität des Urans.	Chem. Lab. d. Staates	Hofmann	München
16	**Rudolf Pummerer**	3060	G. Ab.	Über Pyron.	Chem. Lab. d. Staates	Willstätter	München

Universität München. Fortsetzung.

Laufende No.	Name des Promovierten	No. des Verbands-zeugnisses	Vor-bildung	Titel der Dissertation	Bezeichnung des Laboratoriums	Name des Dozenten, welcher die Arbeit geleitet hat	Ort der Promotion ev. Fehlanzeige
17	**Eugen Zucker**	3073	G. Ab.	Analytische Verwertung der Reaktionen hydrolytisch gespaltener Metallsalze mit Alkalichlorat oder Nitrit.	Chem. Lab. d. Staates	Hofmann	München
18	**Walter Mieg**	3030	G. Ab.	Über eine Methode der Bestimmung und Trennung von Chlorophyllderivaten.	Chem. Lab. d. Staates	Willstätter	München

Technische Hochschule München.

Laufende No.	Name des Promovierten	No. des Verbands-zeugnisses	Vor-bildung	Titel der Dissertation	Bezeichnung des Laboratoriums	Name des Dozenten, welcher die Arbeit geleitet hat	Ort der Promotion ev. Fehlanzeige
1	**Heinrich Herramhof**	fehlt	Ind.-Sch. abs. Ch. Fach-Pr.	Untersuchung über Scharffeuerfarben für Hartporzellan.	Anorg.-chem. Lab.	Muthmann	Techn. Hochschule München
2	**Franz Flessa**	1885	R.-G. Ab.	Über die Konstitution des Dianilido-μ-cyanhydrobenzoins und homologe Verbindungen.	Organ.-chem. Lab.	Dr. Rohde	Techn. Hochschule München
3	**Ernst Schäfer**	fehlt	G. Ab. Ch. Fach-Pr.	Aufschließung von Erzen im Chlor- und Bromstrome zum Zwecke der quantitativen Analyse.	Chem. Inst. Würzburg	selbständig	Techn. Hochschule München
4	**Ludwig Hermann**	1687	Ind.-Sch. abs.	Über die Trennung der Ytter- und Erbinerden.	Anorgan.-chem. Lab.	Muthmann	Techn. Hochschule München
5	**Ernst Ichenhäuser**	1885	Ind.-Sch. abs.	Über einige Disazofarbstoffe aus Phenol und Kresolen.	Chem.-techn. Lab.	Schultz	Techn. Hochschule München
6	**Paul Regensburger**	fehlt	G. Ab. Ch. Fach-Pr.	Vergleichende Untersuchungen an drei obergärigen Arten von Bierhefe.	Weihenstephan	selbständig	Techn. Hochschule München
*7	**Heinrich Stuchlik**	fehlt	O.-R.-Sch. Ab. gepr. Kgl. Bergmeister.	Die Faciesentwicklung der südbayrischen Oligocänmolasse.	Weihenstephan	selbständig	Techn. Hochschule München

*) Zulassung vom Ministerium bewilligt.

8	Joseph Metzger	fehlt	Ind.-Sch. abs. Ch. Fach-Pr.	Über das Calcium und seine Legierungen.	Anorgan.-chem. Lab.	Muthmann	
9	Jakob Beck	fehlt	Ind.-Sch. abs. gepr. Lehramts-Cand.	Versuche über elektrolytische Oxydation und Reduktion.	Elektrochem. Lab.	Hofer	
10	Friedr. Mayer	2624	Ind.-Sch. abs.	Das Bessemern von Kupfersteinen.	Elektrochem. Lab.	selbständig	Techn. Hochschule München
11	Alfred Mai	fehlt	Ind.-Sch. abs. Ch. Fach-Pr.	Über die Darstellung von metallischem Molybdän.	Anorgan.-chem. Lab.	Muthmann	
12	Wilhelm Röhm	2322	Ind.-Sch. abs.	Untersuchung eines Petroleumgasteers.	Organ -chem. Lab.	Schultz	

Universität Münster i. W.

1	Fritz Hünseler	3660	G. Ab.	Beiträge zur Kenntnis der Verbindungen von Metallrhodaniden mit organischen Basen.			
2	Heinrich Pötter	4303	G. Ab.	Über den Einfluß der Konzentration und Temperatur auf das spezifische Drehungsvermögen optisch aktiver Verbindungen.			
3	Adalbert Schumacher	3657	G. Ab.	I Über die Konstitution der Orsellinsäure. II. Studien über die Verwendung des Natriumhydrosulfits in der Maßanalyse.	Chem. Inst. d. Univ.	H. Salkowski	
4	Leo Wieneke	4304	R. G. Ab	Der Einfluß der Temperatur und Konzentration auf das spezifische Drehungsvermögen optisch-aktiver Substanzen.			Münster i. W.
5	Franz Sprinkmeyer	4301	R.-G. Ab.	Über die Geschwindigkeit der Esterbildung aus Anhydriden gesättigter einbasischer Fettsäuren und Aethylalkohol.			
6	Bernhard Schück	1432	R.-G. Ab.	Zur Kenntnis der Verb ndungen des Aethylendiamins.	Wissenschaftl. chem. Inst. v. Rosenheim u. R. J. Meyer in Berlin	Rosenheim	

Universität Rostock

Laufende No.	Name des Promovierten	No. des Verbands-zeugnisses	Vorbildung	Titel der Dissertation	Bezeichnung des Laboratoriums	Name des Dozenten, welcher die Arbeit geleitet hat	Ort der Promotion ev. Fehlanzeige
1	**Karl Wahle*)**	3705	G. IIa Ap.	Über einige Azobenzol und Azotoluol-Derivate der Phenyl- und Tolylpyrazole.		Michaelis	
2	**Wilhelm Dettmar**	4454	Landw. SchuleAb.	Über das Propenylbenzol und seine Homologen.		Kunckell	
3	**Theodor Biesenbach**	2073	G. IIa Ap.	Über die Kohlenoxyd- und Kohlensäurespaltung der α Phenoxyzimmtsäure.		Störmer	
4	**Friedrich Ziegler**	3716	G. IIa Ap.	Über die Einwirkung von Thiophenol und Benzolsulfinsäure auf Antipyrin- und Tolypyrinchlorid.		Michaelis	
5	**Berthold Introsinski**	3174	G. IIa Ap.	Über das Methylenditolythiopyrin.		Michaelis	
6	**Walter Ruhnke**	4430	G. Ia	Über die Einwirkung von Acetamidin auf einige ω-Halogenketone und von Benzamidin auf α Oxysäuren.	Univ.-Lab.	Kunckell	Rostock
7	**Max Simon**	4428	G. IIa	Über geometrische Stereoisomerie bei Derivaten des Diphenylaethylens.		Störmer	
8	**Max Reuter**	217	G. Ia	Über die Synthese phenylierter Cumarone.		Störmer	
9	**Otto Giese**	1824	G. IIa Ap.	Über α Chlor- und Thioindole.		Michaelis	
10	**Johann Behrens**	1292	G. Ia	Beiträge zur Kenntnis der Phenyl- sowie o- und p-Tolyl 3- Pyrazolone.		Michaelis	
11	**Adalbert Zilg**	1044	G Ia	Über die Einwirkung von Phosphoroxychlorid auf Aldehyd- und Ketobispyrazolone.		Michaelis	
12	**Ferdinand Müller**	4421	G. Ab.	Über das 4 Aethylthiopyrin und dessen Derivate.		Michaelis	

*) Die größere Zahl der Promotionen in diesem Semester rührt daher, daß bis 1 April 1906 die Übergangszeit zu den neuen Promotionsbestimmungen abgelaufen war.

13	Carl Krug	3709	G. IIa Ap.	Über Kondensationen des Anhydrides der 1 Phenyl 3 Methylpyrazolon Bz. o Carbonsäure.	Univ.-Lab.	Michaelis	Rostock
14	Wilhelm Thomas	3634	G. IIa Ap.	Über die 2, 5 Halogenanilopyrine.		Michaelis	
15	Fritz Isert	3713	G. IIa Ap.	Über 1 Halogenphenyl Anilopyrine.		Michaelis	
16	Alexander Drews	3701	G. IIa	Über in 4 Stellung alkylierte 3 Pyrazolone.		Michaelis	
17	Eduard Freiherr Schenk v. Schweinsberg	1768	G. Ia	Über die Synthese von Dialkyl und Diarylacetaldehyden aus Aethyläthern disubstiierte Glykole.		Störmer	
18	Paul Straßmann	3700	G. IIa	Phosphorhaltige Derivate des 1 Phenyl 3 Methylpyrazols.		Michaelis	
19	Wilhelm König	84	G. IIa Ap.	Über das 1 und 2 Cumaronamin.		Störmer	
20	Hans Schindler	2801	G. IIa Ap.	Über das Propylthiopyrin und Metallverbindungen des Thiopyrins.		Michaelis	
21	Heinrich Möller	3781	G. IIa Ap.	Zur Kenntnis des Aethylcumarons.		Störmer	
22	Theodor Rautmann	4422	G. IIa Ap.	Über das 3- und Iso-Anilopyrin.		Michaelis	
23	Geofrey Martin	fehlt	Bacc.inCh. Math. u. Phys. Univ.Lon.	Über das Affinitätsgesetz in dem periodischen System.		eigene theor. Unters.	
24	Bruno Haase	4429	G. IIa Ap.	Über die Azobenzol- und Azotoluolderivate der o Tolylpyrazole.		Michaelis	
25	Ulrich Hugo	2562	G. Ia	Beiträge zur Kenntnis einiger nitrirter Derivate des Cumarons.		Störmer	
26	Waldemar Mentzel	3632	G. IIa	Über die Isomerie der p und o 1 Tolylanilopyrine mit den 2 5 Tolyliminopyrinen.		Michaelis	
27	Walter Jarmatz	5144	R.-G. Ab.	Über das 3 Antipyrin und seine Halogenderivate.		Michaelis	
28	Otto Hillmann	5145	Priv.Lehranstalt	Über Methylanilino-Lutidine.		Michaelis	
29	WilhelmFrankenstein	441	R.-G. Ab.	Über das 4 Methyl und 4 Aethyl Anilopyrin.		Michaelis	
30	Max Prütz	5146	G. IIa Ap.	Zur Kenntnis des 1 Phenyl 3 methyl- 4-dimethyl 5 Pyrazolons.		Michaelis	
31	Wilhelm Preuner	2564	G. IIa Ap.	Über das 4 Benzylthiopyrin -anilo und -iminopyrin.		Michaelis	

Universität Rostock. Fortsetzung.

Lau ende No.	Name des Promovierten	No. de- Verbands-zeugnisses	Vor-bildung	Titel der Dissertation	Bezeichnung des Laboratoriums	Name des Dozenten welcher die Arbeit geleitet hat	Ort der Promotion ev. Fehlanzeige
32	**Ottocar Martinsen**	3718	R.-G. Ab.	Über die Einwirkung des Phosphortribromides auf Pyrazolone und Bispyrazolone.		Störmer	
33	**Wilhelm Heyden**	3111	G. IIa Ap.	Über Thio- und Anilinoderivate der 4 Chlorlutidon-Carbonsäure.		Michaelis	
34	**Walter Behnke**	3717	G. Ab.	Über p Phenetidin- und Anisidinpyrin.		Michaelis	
35	**Georg Knigge**	4425	G. IIa	Über einige Brom und Bromnitroderivate des Methyldiphenylketons und der o-Benzoylbenzoesäure.		Kunckell	
36	**Wilhelm Theopold**	3641	G. IIa Ap.	Über einige Brom und Bromnitroderivate des Chinolins sowie des Tetrahydrochinolins.		Kunckell	
37	**Karl Lederer**	5147	G. IIa Ap.	Über einige Derivate des Ketotetrahydrochinazolins.		Kunckell	
38	**Hugo Dorn**	3633	G IIa Ap.	Untersuchungen über das 1 Methyl 3 Phenyl 5 Pyrazolon.	Univ -Lab.	Michaelis	Rostock
39	**Erich Lehmann**	3765	G. Ia	Über das 1 Phenyl 3 methyl 4 benzoyl 5 Thiopyrazolon und ein 4 Benzoyl Iminopyrin.		Michaelis	
40	**Friedrich Luther**	2636	R.-G. Ia	Über das Oxaethylthiopyrin und seine Derivate.		Michaelis	
41	**Robert Pander**	3719	G. Ia	Über das 1 Phenyl 3 methyl 5 Thiopyrazolon und seine Derivate.		Michaelis	
42	**Bernhard Dircks**	3719	G. Ia	Über das 2 Amidoflavon und seine Derivate.		Kunckell	
43	**Adolf Bauer**	fehlt	G. IIa D.	Beiträge zur Chemie der sogenannten trockenen Destillation der Steinkohle.		Michaelis	
44	**Thomas von der Hagen**	3714	G Ia	Über das 5 und Isoselenopyrin.		Michaelis	

Universität Straßburg.

1	**v. Panayeff*)**	fehlt	G. Rußland	Beiträge zur Kenntnis der Dilactone.		Fittig	
2	**Pudschies**	3503	O.-R.-Sch.	Zur Kenntnis der Kupferammoniaksalze		Kohlschütter	
3	**G. K. Falck**	3519	B. Sc.	Einige Kondensationen des Phtalaldehyds.		Thiele	
4	**Mac. Combie**	3521	B. Sc.	Addition von Halogenwasserstoff an ungesättigte p-disubstituierte Benzolderivate.	Univ.-Lab.	Thiele	
5	**G. Ludwig**	3502	G.	Zur Kenntnis der δ- und β-Anisallävulinsäuren.		Thiele	
6	**Cecil Brittlebank**	3508	R.-G.	Über Thioharnstoffcuprosalze.		Kohlschütter	
7	**Joh. Georg Müller**	1293	Ap. Note I	Über die Bildung von Aminosäuren aus den Amiden ungesättigter Säuren.		Köhl	
8	**Adolf Weygand**	2718	Ap. Note I	Über die Umlagerungen der $\beta\,\gamma$-ungesättigten α-Hydroxysäuren in $\alpha\,\beta$ und $\beta\,\gamma$-ungesättigte Lactone und über die Kondensation von α-Ketonsäuren mit Aldehyden in saurer oder alkalischer Lösung.	Priv.-Lab. Erlenmeyer	Erlenmeyer	Straßburg
9	**Walter Madelung**	3033	G.	Über Tetraphenyl-p-xylylen.		Thiele	
10	**Josef Schneider**	3063	R.-G.	Über einige Kondensationsprodukte des o-Phtalaldehyds.		Thiele	
11	**Wilhelm Rose**	3504	R.-G.	Die Überführung von Zimmtaldehyd in Hydrozimmtsäure durch eine Verschiebung der Doppelbindung.	Univ.-Lab.	Köhl	
12	**Alexander Pleneckers**	3511	G.	Zur Kenntnis der komplexen Quecksilberverbindungen.		Kohlschütter	
13	**Oscar Ecker**	3062	R.-G.	Über das Verhalten der $\alpha\beta$- $\gamma\delta$-ungesättigten Ketone bei der Reduktion.		Thiele	

*) Ohne Verbandsexamen, da die Arbeit noch unter Fittig ausgeführt wurde, der nicht Mitglied des Verbandes war.

Technische Hochschule Stuttgart.

1	**Karl Grieb**	fehlt	D.	Einwirkung magnesiumorganischer Verbindungen auf Aldehyde, Ketonalkohole und 1, 2 Diketone.	Lab. f. allg. Chemie	Hell	Stuttgart

Technische Hochschule Stuttgart. Fortsetzung.

Laufende No.	Name des Promovierten	No. des Verbands-zeugnisses	Vorbildung	Titel der Dissertation	Bezeichnung des Laboratoriums	Name des Dozenten welcher die Arbeit geleitet hat	Ort der Promotion ev. Fehlanzeige
2	**Adolf Grombach**	fehlt	D.	Über fluorogene Chromophore.			
3	**Karl Leypold**	fehlt	D.	Über Metaanethol und 3-Methoxystilben sowie über den Einfluß der Metastellung der Methoxylgruppe auf das Verhalten derartiger Verbindungen und ihrer Derivate.	Lab. f. allg. Chemie	Kauffmann Hell	Stuttgart
1	**Richard Schall**	2961	O.-R.-Sch. Ab.	Über Oxydiphensäuren.	Chem.-technol. Lab.	J. Schmidt	

Unversität Tübingen.

Laufende No.	Name des Promovierten	No. des Verbands-zeugnisses	Vorbildung	Titel der Dissertation	Bezeichnung des Laboratoriums	Name des Dozenten welcher die Arbeit geleitet hat	Ort der Promotion ev. Fehlanzeige
1	**Karl Schmid**	2366	Ap. I	Über Isomere des Brasileïns und Hämateïns aus der Benzopyranolreihe.	Univ.-Lab. Tübingen	K. Bülow	
2	**Hans Schmid**	2817	G. Ab.	Über chlorierte Antimoniate und die Metachlorantimonsäure, sowie über Halogendoppelsalze des vierwertigen Antimons.	Univ.-Lab. Tübingen	R. Weinland	
3	**Karl Bauer**	2965	Ap. I	Beiträge zur Chemie des Phenanthrens und Fluorens.	Städt. Lab., Stuttgart	Julius Schmidt	
4	**Ludwig Taub**	2099	Ap. I	1-Phenyl- 4-isonitrosotriazolon und seine Spaltungsprodukte.		O. Dimroth	
5	**Max Deseniss**	2367	O.-R.-Sch. Ab.	Über die Einwirkung von Phtalylchlorid auf Acetylaceton.	Univ.-Lab. Tübingen	K. Bülow	Tübingu
6	**Emil Fröhlich**	2373	O.-R.-Sch. Ab.	Studien über den fünfwertigen asymmetrischen Stickstoff.		E. Wedekind	
7	**Fritz Busse**	2368	G. Ab.	Beitrag zur Kenntuis der Diazoverbindungen des Paraphenylendiamins.		K. Bülow	
8	**Paul Berg**	3023	Ap. I	Kondensation von Aethylencyanid mit Oxalestern.	Univ.-Lab. Tübingen	W. Wislicenus	
9	**Otto Meyer**	2370	Ap. I	Kondensationen mit Benzoylameisensäureester.		W. Wislicenus	

10	Dr. jur. Richard Weidlich	2375	G. Ab.	Über einige Hydrazide zweibasischer Säuren.	Univ.-Lab. Tübingen	K. Bülow	Tübingen
11	Hans Jordt	4766	O.-R.-Sch. Ab.	Untersuchungen über Silikat- und Carbonatbildung alter Mörtel.	Chem.-techn. Lab. der techn. Hochschule München	G. Schultz	
12	Benjamin Brahn	2372	Ap. I	Über den Einfluß von Substituenten auf die Umlagerungsgeschwindigkeit desmotroper Formen.	Univ.-Lab. Tübingen	O. Dimroth	
13	Otto Lüning	3021	Ap. I	Über die Konstitution zweier isomerer Dinip-trobenzoyloxalessigester.	Univ.-Lab. Tübingen	W. Wislicenus	

Universität Würzburg.

1	Gustav Friedrichs	3310	G. Ab.	Elektrolytische Reduktion von Carbonsäuren und Carbonsäureestern.	Chem. Inst.	Tafel	Würzburg
2	August Jean Kieser	2717	G. Ab.	Beiträge zur Kenntnis des Siliciums.	Chem. Inst.	Manchot	
3	Bruno Emmert	3094	G. Ab.	I. Das Verhalten des Succinimids bei der elektrolytischen Reduktion. II. Über die Ursache der spontanen Depression des Kathodenmaterials.	Chem. Inst.	Tafel	
4	Fritz Bennigsen	1603	O.-R.-Sch. Ab.	Beitrag zur Kenntnis der Hydroxylaminderivate.	Chem. Inst. Würzburg und I. Chem. Inst. Leipzig	Hantzsch	
5	Hermann Stern	2980	R.-G. Ab	Über Diaminobernseinsäureäthylester.	Chem. Inst.	Tafel	
6	Julius Rothschild	2974	R.-G. Ab	I. Über die Einwirkung von Pyridin auf 1.5-Dichlor-2.4-Dinitrobenzol. II. Über den Einfluß von Methylgruppen auf die Nuance zweier durch einen Glutakonaldehydrest verkuppelter Triphenylmethanabkömmlinge.	Chem. Inst.	Reitzenstein	
1	Max Schneller	3453	G	Zur Bestimmung der Milchsäure im Wein.	Technolog. Inst.	Medicus	
2	Hans Thoma	1286	G. Ab.	Ein Beitrag zur Frage der Bestandteile des Kino.	Technolog. Inst.	Medicus	

H.

Übersicht über die Promotionen.

Die Zahlen unter:

I. beziehen sich auf Promovierte mit Verbandszeugnis,
II. » » » » ohne » aber mit einer gleich- oder höherwertigen Prüfung,
III. » » » » ohne » und ohne gleich- oder höherwertige Prüfung,
IV. » » » » bei denen es nicht feststeht, ob nur die Nummer des Zeugnisses nicht zu ermitteln war, oder ob die Verbandsprüfung nicht abgelegt worden ist.
V. sind die Summen von I bis IV.

Ort	Charakter der Hochschule	Bezeichnung des Laboratoriums	I.	II.	III.	IV.	V.
Aachen	Technische Hochschule	Anorg. Lab.	1	—	—	—	1
Berlin	Universität	Ph.-Ch. Inst.	1	—	—	—	1
Berlin	»	I. Ch.-Univ.-Lab.	23	—	—	2	25
Berlin	»	Techn. Inst.	3	—	—	—	3
Berlin	Landwirtsch. Hochschule	Ch. Lab.	2	—	—	—	2
Berlin	Technische »	Anorg. Lab.	1	—	—	—	1
Berlin	» »	Org. Lab.	9	—	—	—	9
Berlin	» »	Techn.-Ch. Lab.	—	—	(2)[1]	—	(2)[1]
Berlin	» »	El.-Chem. Lab.	1	—	—	—	1
Bonn	Universität	Ch. Inst.	6	—	—	—	6
Braunschweig	Technische Hochschule	Lab. f. anal. u. techn. Ch	2	—	—	—	2
Breslau	Universität	Ch. Inst.	13	—	—	—	13
Breslau	»	Landw.-techn. Inst.	5	—	—	—	5
Darmstadt	Technische Hochschule	Ch.-techn. u. El.-chem. Lab.	1	2	—	—	3
Dresden	» »	Ch. Labb.	14	2	(2)[1]	—	16+(2)[1]
Erlangen	Universität	Pharm.-Ch. Inst.	1	—	—	—	1
Erlangen	»	Chem. Lab.	9	—	1	—	10
Freiburg i. Br.	»	Ch. Lab. (phil. Abt.)	23	—	—	1	25
Freiburg i. Br.	»	Ph. Lab. (med. Abt.)	2	1	—	—	2
Gießen	»	Ch. Lab.	5	—	—	—	5
Gießen	»	Ch.-Ch. Lab.	4	—	—	—	4

Göttingen	Universität	Allg. Ch. Lab.	13	—	—	—	13
Göttingen	»	Agrik.-Chem. Lab.	3	—	—	—	3
Greifswald	»	Ch Inst.	6	—	—	—	6
Halle	»	Ch. Inst.	6	—	—	—	6
Hannover	Technische Hochschule	Org.-Ch. Lab.	—	2	—	—	2
Heidelberg	Universität	Ch. Inst. u. Privat-Lab.	23	—	—	1	24
Jena	»	Ch. Inst. u. Techn.-ch. Lab	8	—	1	—	9
Karlsruhe	Technische Hochschule	Ch. Labb.	7	1	—	—	8
Kiel	Universität	Ch. Inst.	10	—	—	—	10
Königsberg	»	Agrik.-ch. Lab.	1	—	—	—	1
Leipzig	»	Ch. Lab.	11	—	—	—	11
Leipzig	»	Ph.-ch. Inst.	8	—	—	—	8
Leipzig	»	Lab. f. ang. Ch.	6	—	—	—	6
Marburg	»	Ch. Inst.	16	—	—	—	16
München	»	Ch. Lab. d. Staates	18	—	—	—	18
München	Technische Hochschule	Ch. Labb.	5	7	—	—	12
Münster i. W.	Universität	Ch. Inst.	6	—	—	—	6
Rostock	»	Ch. Lab.	42	2	—	—	44
Straßburg	»	Ch. Lab.	12	—	1	—	13
Stuttgart	Technische Hochschule	Lab. f. allg. Ch.	—	3	—	—	3
Stuttgart	» »	Ch.-techn. Lab.	1	—	—	—	1
Tübingen	Universität	Ch. Lab.	13	—	—	—	13
Würzburg	»	Ch. Inst.	6	—	—	—	6
Würzburg	»	Techn. Inst.	2	—	—	—	2
			349	20	3+(2)	4	376+(2)

[1]) Die eingeklammerten Zahlen beziehen sich auf Promotionen an ausländischen Hochschulen

Heft 8. 16. September 1906.

Berichte

des

Verbandes der Laboratoriums-Vorstände

an deutschen Hochschulen.

Inhalt

Leipzig
Verlag von Veit & Comp.
1906

Kolibri 360 GmbH
Ferdinand-Jühlke-Straße 7
99095 Erfurt, Deutschland
produktsicherheit@kolibri360.de